Kentaro Tomita

ESTABLECIMIENTO DE LA PRODUCCIÓN AGROPECUARIA Y FORESTAL SOSTENIBLE

Kentaro Tomita

ESTABLECIMIENTO DE LA PRODUCCIÓN AGROPECUARIA Y FORESTAL SOSTENIBLE

-Como materiales educativos en la finca experimental para resolver el problema de la sequía del Canal de Panamá-

Editorial Académica Española

Imprint
Any brand names and product names mentioned in this book are subject to trademark, brand or patent protection and are trademarks or registered trademarks of their respective holders. The use of brand names, product names, common names, trade names, product descriptions etc. even without a particular marking in this work is in no way to be construed to mean that such names may be regarded as unrestricted in respect of trademark and brand protection legislation and could thus be used by anyone.

Cover image: www.ingimage.com

Publisher:
Editorial Académica Española
is a trademark of
Dodo Books Indian Ocean Ltd. and OmniScriptum S.R.L publishing group

120 High Road, East Finchley, London, N2 9ED, United Kingdom
Str. Armeneasca 28/1, office 1, Chisinau MD-2012, Republic of Moldova, Europe
Managing Directors: Ieva Konstantinova, Victoria Ursu
info@omniscriptum.com

Printed at: see last page
ISBN: 978-620-0-02353-7

ESTABLECIMIENTO DE LA PRODUCCIÓN AGROPECUARIA Y FORESTAL SOSTENIBLE

-Como materiales educativos en la finca experimental para resolver el problema de la sequía del Canal de Panamá-

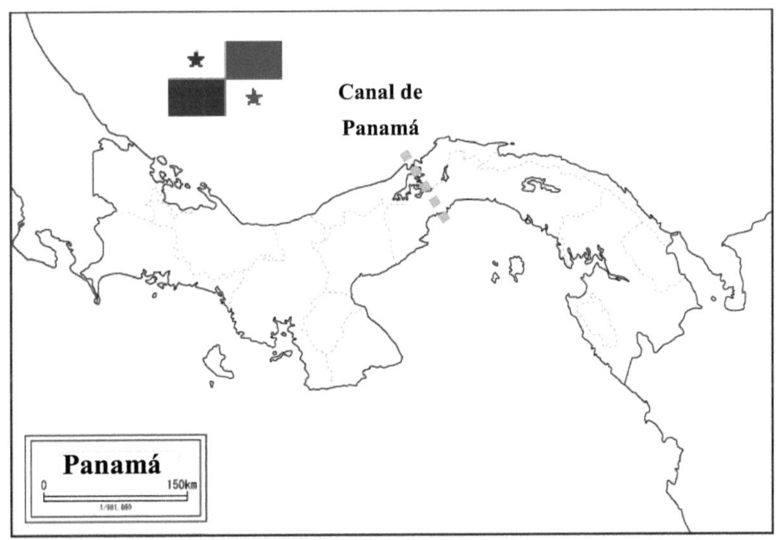

Investigador: Fertilidad del Suelo

Kentaro Tomita, Ph. D.

2025.1

Contenidos

CAPÍTULO I..1

PROBLEMA DE SEQUÍA EN EL CANAL DE PANAMÁ 1

1. Historia de la construcción del Canal de Panamá..3

1. Historia de la construcción del Canal de Panamá por Fernando de Lesseps 3

2. Historia de la construcción del Canal de Panamá por Estados Unidos de América 4

3. Tratados Torrijos-Carter y devolución del Canal de Panamá al Panamá.................4

Referencias 6

2. Estado funcionado del Canal de Panamá..7

1. Introducción...7

2. Comparación de los tamaños de la primera, segunda y tercera cerradura 7

3. Número de buques que pasan y cantidad de carga que pasa...............................9

4. Número de barcos que pasan por Panamax y Neopanamax por tipo de barco 10

5. Tonelaje del Canal por cada ruta (Comparación entre los años 2022 y 2021).........12

6. Dinámica del monto pagado al tesoro nacional por el Canal de Panamá 12

Referencias 13

3.Sequía en el Canal de Panamá 15

1. Introducción..15

2. Temperatura media y precipitación al año en la Ciudad de Panamá 15

3. Cómo reutilizar el agua en el Canal de Panamá...20

1). Llenado cruzado implementado en las esclusas Panamax 20

2). Reutilización del agua en Neopanamax 20

4. Restricciones al número de buques que pasan por el Canal de Panamá 21

5. Temas de actualidad y plan de tránsito del Canal de Panamá en formato subasta.................22

6. Transporte ferroviario como método alternativo 23

7. Estado del Canal de Panamá a agosto de 2024 24

1). Pregunté a mis colegas en Panamá 24

2). La principal causa del problema de sequía del Canal de Panamá es El Niño. 24

Referencias 26

CAPÍTULO II 27

CAMBIO CLIMÁTICO..27

1. Fenómeno de El Niño en 2023 29

1. ¿Qué es el fenómeno de El Niño?...29

2. Un año normal sin el fenómeno de El Niño..29

3. Años en los que ocurre el fenómeno de El Niño...30

4. ¿Qué es el fenómeno de La Niña? 31

5. Comparación del modelo entre El Niño y La Niña?...32

2. No se puede ignorar la expansión de la agricultura y la ganadería debido a la deforestación no planificada..33

1. Desmonte y quema no planificado por la explotación agropecuaria convencional 33

2. Investigación básica en la Finca 34

3. Presentación y publicación de los resultados representativos obtenidos 35

3. Situaciones donde el autor se dedicó a la investigación en las Fincas Experimentales 37

1. Laboratorio de suelos en Divisa y Finca Experimental de Calabacito.................................37

1). Época del Voluntario joven de la JICA (1992 a 95) 37

2). Época de Investigador acompañante con Experto de JICA como corto plazo (1994 a 2002). 37

2. Finca Experimental de El Coco 37

3. Clasificación del suelo en la Finca Experimental de Calabacito 38

1). Clasificación del suelo 38

2). Situación de Calabacito 38

3). Clima en la Finca Experimental...39

4). Distribución del suelo en Panamá 39

4. Clasificación del suelo en la Finca Experimental de El Coco 40

1). Clasificación del suelo 40

2). Clima en la región de El Coco en la provincia de Coclé..41

Referencias 42

CAPÍTULO III..43

MANEJO DE LA FERTILIDAD DEL SUELO ULTISOL (VERAGUAS)..............................43

1. Introducción..45

2. Comportamiento de las 6 especies de árbol maderable y/o múltiple 45

1. Plantación y fertilización al primer año 45

2. Dinámica de sobreviviente para cada árbol durante los 3 o 7 años.....................................46

3. Dinámica de la altura para el árbol Jagua durante 7 años 47

3. Comportamiento del Mangium y Teca..49

1. Plantación y manejo para Mangium 49

2. Plantación y manejo para Teca 49

3. Dinámica de la altura y DAP para Mangium...49

4. Dinámica de la altura para Teca..51

5. Pequeña conclusión..53

6. No quiero recomendar la deforestación 53

Referencias 54

4. Producción pecuaria con sistema silvopastoril **55**

  1. Introducción...55

  2. Materiales y Métodos..56

    1). Análisis de suelo y de tejido vegetal...56

    2). Introducción de Mangium, Humidicola y Maní forrajero..57

    3). Aplicación...57

    4). Producción de carne...58

  3. Resultados y Discusión..58

    1). Análisis del suelo antes de la aplicación y siembra 59

    2). Dinámica de rendimiento seco y humedad en los pastos 59

    3). Comparación de los resultados obtenidos en cada estación 60

    4). Rendimiento y cantidad absorbida de macronutrimentos por hectárea de Humidicola y de Maní en cada parcela...63

      4)-1. La cantidad absorbida de N...63

      4)-2. El rendimiento seco de pastos...64

      4)-3. La cantidad absorbida de P (kg/ha)..64

      4)-4. La cantidad absorbida de K (kg/ha)..65

      4)-5. La cantidad absorbida de Ca y de Mg (kg/ha) 66

    5). Evaluación de peso vivo para ganados criados entre Humidicola monocultivo y Humidicola asociada con Maní forrajero 67

  4. Conclusiones...68

  5. Agradecimiento..69

  Referencias 69

5. Efecto de la cal y fosfato (Superfosfato triple) en el cultivo de arroz de secano **71**

  1. Introducción..71

  2. Planificación de cultivos durante los dos años..71

    1). Diseño experimental 71

    2). Manejo del ensayo 71

    3). Control de enfermedad y plaga 72

    4). Análisis de suelo 73

  3. Resultados y Discusión..73

    1). Cambio de pH, Ca y Al en el suelo después de 30 días de la siembra 73

    3). Condición del cultivo de arroz de secano en el suelo Ultisol....................................73

    4). Evaluación de efecto residual para la aplicación inicial de la cal y fosfato en el primer año . 75

  4. Conclusiones...75

Referencias 77

6. Efecto de la roca fosfórica en el cultivo de arroz de secano..**79**

1. Introducción..79

2. Rocas fosfóricas en América Tropical..79

1). Depósito de las rocas fosfóricas en América Latina 79

2). Composición de las rocas fosfóricas...80

2)-1. Composición de las rocas fosfóricas 80

2)-2. Solubilidad del fósforo..81

3). Efectividad agronómica en relación con la solubilidad 82

3. Materias y Métodos 83

1). Niveles de la aplicación de la roca fosfórica (RF) 83

2). Efecto residual de la roca fosfórica aplicada al primer año 83

3). Manejo de fertilización y control 83

4. Resultados y Discusión...83

1). Dinámica de P disponible dentro del cultivo de arroz 83

2). Rendimientos de grano de arroz en los años 1993 y 1994 84

2)-1. Efecto de P_2O_5 en los rendimientos de arroz en el año 1993...84

2)-2. Efecto de P_2O_5 en los rendimientos de arroz en el año 1994...84

5. Conclusiones...85

Referencias 85

7. Efecto de la aplicación de cal, materiales fosfatados y gallinaza en la rotación del cultivo de fríjol y arroz bajo secano **87**

1. Introducción..87

2. Los objetivos perseguidos mediante la realización del presente estudio son los siguientes ..87

3. Materiales y Métodos..88

1). Manejo del ensayo en el cultivo de frijol (primer año) 88

1)-1. Diseño y siembra...88

1)-2. Tratamientos sin y con la cal...88

1)-3. Tratamientos con el SFT y la RF en cada tratamiento con la cal 88

1)-4. Aplicación de fertilizante 88

2). Manejo del ensayo en el cultivo de arroz (segundo año) 89

4. Resultados y Discusión...89

1). Resultados del cultivo de frijol 89

1)-1. Condición del cultivo de frijol en cada tratamiento cálcico 89

1)-2. Rendimiento y P disponible después de la cosecha de frijol 90

2). Resultados del cultivo de arroz de secano..92

2)-1. Condición del cultivo de arroz en cada tratamiento cálcico....................................93

2)-2. Rendimiento y P disponible después de la cosecha de arroz de secano...................93

Referencias 94

8. Problema del método de Mehlich No1 para determinar del P disponible en suelo ácido rojo (Oxisol y Ultisol) después de la aplicación de roca fosfórica **95**

1. Problema en la fertilización fosfatada natural..95

2. Evaluación de varios tipos de la solución extractora 95

3. Evaluación del P absorbido por arroz y contenido de P disponible en el suelo entre el método de Mehlich No1 y la Resina..96

4. Comentario para el método de Mehlich No1 97

Referencias 98

CAPÍTULO IV...**99**

MANEJO DE LA FERTILIDAD DEL SUELO INCEPTISOL (COCLÉ) **99**

1. Introducción..**101**

2. Propiedad física y químico de los suelos en la Finca **101**

1. Propiedad física en cada tipo del suelo...101

1). Dinámica de la velocidad de infiltración 101

2). Comparación de conteo de lombriz en cada tipo del suelo 102

2. Análisis físico-químico del suelo...103

3. Relación entre velocidad de infiltración y textura 104

4. Relación entre conteo de lombrices y característica química de tipo del suelo 105

3. Aumento de la alta calidad de la Humidicola por asociación del árbol leguminoso Mangium (Sistema agro-silvopastoril Nº1) **107**

1. Introducción..107

2. Materiales y Métodos..107

3. Resultados y Discusión...108

1). Humidicola (*Brachiaria humidicola* CIAT 679) usada 108

2). Fotos del crecimiento de la planta Humidicola en los dos tratamientos de Humidicola monocultivo y Humidicola asociada con Mangium 109

3). Análisis física-química del suelo 110

4). Materia seca de la Humidicola...111

5). Contenido de la proteína bruta y los cuatro nutrimentos en la Humidicola y la hoja vieja del Mangium 112

5)-1. Comparación de la proteína bruta 112

5)-2. Comparación del P 113

5)-3. Comparación del K 113

5)-4. Comparación del Ca y Mg 114

4. Posibilidad de establecimiento de sistema agroforestal 115

5. Conclusiones 116

Referencias 116

4. Cuatro niveles del N en el cultivo de arroz asociado con Mangium (*Acacia mangium*) en callejones (Sistema agro-silvopastoril Nº2) 117

1. Introducción..117

2. Materiales y métodos 117

1). Variedad utilizada del arroz y la fertilización 117

2). Manejo de la fertilidad del suelo y control de maleza y plaga 117

3. Resultados y discusión..118

1). Análisis físico-químico del suelo 118

2). Resultados del rendimiento del grano 118

3). Dinámica de la materia orgánica en el suelo a los 65 días después de la siembra 120

4). Dinámica del N absorbido en la planta de arroz a los 65 días después de la siembra...........121

4. Conclusiones...122

Referencias 122

5. Efecto de cuatro niveles de nitrógeno en el cultivo de arroz de secano en el suelo seco y el húmedo 123

1. Introducción..123

2. Materiales y Métodos...123

1). Planificación del experimento y fertilización en el primer año...............................123

2). Manejo de la fertilización en el segundo año 124

3). Análisis físico-químico del suelo y análisis de tejido vegetal.................................124

4). Evaluación agronómica y análisis foliar para la planta...124

5). Control de malezas, plagas y enfermedades 124

6). Tratamiento estadístico en el experimento..125

3. Resultados y discusión..125

1). Análisis de suelos antes de la siembra y fertilización en el primer año. 125

2). Rendimiento de grano de arroz 126

3). Dinámica del rendimiento de grano de arroz entre el suelo seco y húmedo. 127

4). Relación entre el valor de SPAD y rendimiento de grano seco 128

4)-1. Dinámica del valor de SPAD de acuerdo con N aplicado 128

5). Relación entre el rendimiento y análisis foliar de N 129

5)-1. Dinámica del análisis foliar de N de acuerdo con diferentes niveles de N 129

5)-2. Análisis de suelos antes de la siembra y fertilización en el segundo año...............130

6). Dinámica del rendimiento de grano de arroz entre el suelo seco y húmedo. 130

4. Conclusiones. 131

Referencias 132

6. Efecto de cuatro niveles de nitrógeno y dos niveles de KCl en el cultivo de arroz bajo riego **133**

1. Introducción 133

2. Materiales y Métodos. 133

3. Resultados y Discusión 133

1). Análisis físico-químico del suelo 133

2). Dinámica del rendimiento del grano entre el 0 y 40kgK$_2$O/ha 134

3). Dinámica del Fe absorbido en la planta entre el 0 y 40kgK$_2$O/ha 136

4. Conclusiones. 138

Referencias 138

7. Evaluación de peso vivo de caprina por aprovechamiento de forrajeros leguminosos **139**

1. Introducción 139

2. Materiales y Métodos. 139

1). Ofrecimiento periódico de forrajero de Baló y de Maní forrajero bajo condición de pastoreo de Humidicola 139

2). Medida periódica de peso vivo para Caprinas 141

3. Resultados y Discusión 141

1). Comparación de contenido de N en los forrajeros ofrecidos 141

2). Evaluación de dinámica de peso vivo para caprino por la introducción de los forrajeros ofrecidos periódicos 141

3). Posibilidad de establecimiento de un sistema silvopastoril 143

4. Conclusiones. 143

Referencias 144

CAPÍTULO V **145**

MÉTODO OFICIAL PARA ANÁLISIS DE SUELO EN EL ESTADO DE SÃO PAULO **145**

1. Teoría de la Resina sobre intercambio de P y bases en el suelo **147**

1. Introducción 147

2. Dinámica del P entre suelo y planta 147

2. Determinación de fósforo, calcio, magnesio y potasio extraídos con Resina Intercambiable de Iones **149**

1. Principio 149

2. Método de resina intercambiable de iones 149

3. Razón para el uso de NaHCO$_3$ [pH8.3] 151

4. Proceso teórico de la extracción del P, K, Ca e Mg por la Resina........................153

    1). Saturación por 1M NaHCO$_3$ a la resina catiónica y aniónica mezclada 153

    2). Reacción el suelo y la resina mezclada saturada por 1M NaHCO$_3$.......................153

    3). Intercambio entre el suelo y la resina mezclada saturada 154

    4). Extracción por 0.8 M NH$_4$Cl + 0.2 M HCl y determinación de P, K, Ca y Mg en la solución

   154

Referencias 155

CAPÍTULO I

PROBLEMA DE SEQUÍA EN EL CANAL DE PANAMÁ

1. Historia de la construcción del Canal de Panamá

1. Historia de la construcción del Canal de Panamá por Fernando de Lesseps

La **historia del Canal de Panamá** comienza en 1513 cuando Vasco Ñúnez de Balboa cruzó por primera vez el istmo (Foto N°1-1-1).

Foto N°1-1-1. Estatua de bronce del Vasco Ñúnez de Balboa, 2007

Foto N°1-1-2. Estatua de bronce del Ferdinando de Lesseps, 2007

El estrecho puente terrestre entre América del Norte y del Sur alberga el Canal de Panamá, un paso de agua entre los océanos Atlántico y Pacífico. Los primeros colonos europeos reconocieron este potencial y se hicieron varias propuestas para un canal.

A fines del siglo XIX, los avances tecnológicos y la presión comercial permitieron que la construcción comenzara en serio. El conocido ingeniero de canales Ferdinando de Lesseps (Foto N°1-1-2) negoció un acuerdo con Colombia, que por esa época incluía en su territorio el istmo de Panamá, y dirigió un intento inicial de Francia para construir un canal al nivel del mar. Acosado por sobrecostos debido a la severa subestimación de las dificultades para excavar la accidentada tierra de Panamá, las grandes pérdidas de personal en Panamá debido a enfermedades tropicales **(Fiebre amarilla y Malaria**…etc.) y la corrupción política en Francia en torno al financiamiento del proyecto masivo, el canal solo estaba parcialmente terminado.

2. Historia de la construcción del Canal de Panamá por Estados Unidos de América

El interés en un proyecto de canal liderado por Estados Unidos aumentó tan pronto como Francia abandonó el proyecto. Inicialmente, el sitio de Panamá era políticamente desfavorable en los EE. UU.

Por una variedad de razones, incluida la mancha de los fallidos esfuerzos franceses y la negativa por parte del gobierno colombiano de permitir la instalación de una base militar de EE. UU. en territorio colombiano. Primero, Estados Unidos buscó construir un canal completamente nuevo a través de Nicaragua.

El extenso cabildeo de los legisladores estadounidenses, junto con su apoyo a un naciente movimiento de independencia entre el pueblo panameño, llevó a una revolución simultánea en Panamá y la negociación del **Tratado Hay-Bunau Varilla** que aseguró tanto la **independencia de Panamá** como el derecho de Estados Unidos a liderar un renovado esfuerzo para construir el canal. La respuesta de Colombia al movimiento independentista panameño se vio atenuada por la presencia militar estadounidense; la medida se cita a menudo como un ejemplo clásico de la era del diploma de las cañoneras.

El éxito de Estados Unidos dependía de dos factores. Primero fue convertir el plan original francés sobre el nivel del mar en un canal más realista controlado por esclusas. El segundo fue el control de las enfermedades que diezmó tanto a los trabajadores como a la dirección bajo el intento francés original.

3. Tratados Torrijos-Carter y devolución del Canal de Panamá al Panamá

El 7 de enero de 1914 el barco grúa francés Alexandre La Valley se convirtió en el primero en realizar la travesía, y el 1 de abril de 1914 la construcción se completó oficialmente con la entrega del proyecto de la constructora al gobierno de la Zona del Canal. El estallido de la **Primera Guerra Mundial** provocó la cancelación de cualquier celebración oficial de "gran inauguración", y el canal se abrió oficialmente al tráfico comercial el 15 de agosto de 1914 con el tránsito del SS Ancón.

Foto Nº1-1-3. Esclusa de Miraflores del Canal de Panamá (Océano Pacífico), 2007

Foto Nº1-1-4. Esclusa de Gatún del Canal de Panamá (Caribe), 2009

Durante la **Segunda Guerra Mundial**, el canal resultó ser una parte vital de la estrategia militar de los Estados Unidos, permitiendo que los barcos se transfirieran fácilmente entre el Atlántico y el Pacífico. Políticamente, el Canal siguió siendo territorio de los Estados Unidos hasta 1977, cuando los **Tratados Torrijos-Carter** iniciaron el proceso de transferencia del control territorial de la **Zona del Canal de Panamá** a Panamá, proceso que **finalizó el 31 de diciembre de 1999**.

Las Fotos N°1-1-3 y N°1-1-4 muestran los Canales de Panamá en la esclusa de Miraflores y de Gatún, respectivamente. Entonces, al trabajar en Panamá como voluntario senior durante 2007 a 2009, el autor visitó ambas esclusas.

El Canal de Panamá continúa siendo una empresa comercial viable y un vínculo vital en el transporte marítimo mundial, y continúa siendo actualizado y mantenido periódicamente. El proyecto de expansión del Canal de Panamá comenzó a construirse en 2007 y comenzó a operar comercialmente el 26 de junio de 2016. Las nuevas esclusas permiten el tránsito de buques **Post-Panamax** y **New Panamax (o Neo Panamax)** más grandes, que tienen una mayor capacidad de carga de la que podían albergar las esclusas originales.

Les muestro a los lectores la animación de paso de barco contenedor en el Canal de Panamá por Power Automate (You Tube).
Título: **Canal de Panamá por Dr. Tomita**
https://www.youtube.com/watch?v=LEc8gC5RIQQ

Referencias

1. https://es.wikipedia.org/wiki/Historia_del_Canal_de_Panam%C3%A1
2. Smith, Lydia. «Panama Canal 100th Anniversary». *International Business Times.* Consultado el 12 de mayo de 2015.
3. «Panama Canal Opens $5B Locks, Bullish Despite Shipping Woes». *The New York Times.* The Associated Press. 26 de junio de 2016.

2. Estado funcionado del Canal de Panamá

1. Introducción

El autor completó sus últimas actividades en Panamá a finales de marzo de 2009 y no ha visitado Panamá desde entonces. Se implementó el plan de ampliación del Canal de Panamá y el Canal de Panamá ampliado quedó abierto a la navegación el 26 de junio de 2016, con las Esclusas de **Agua Clara** en el lado Atlántico y las Esclusas de **Cocolí** en el lado Pacífico.

La razón de esto es responder a la creciente demanda de paso por el canal y a barcos más grandes. Las esclusas de Gatún existentes en la entrada del canal en el lado Atlántico, las esclusas de Miraflores y las esclusas de Pedro Miguel en la entrada del canal en el lado Pacífico se llaman Primera y Segunda Esclusas, y la esclusa recién construida se llama Tercera Esclusa.

Aquí el autor informa sobre los acontecimientos recientes en el Canal de Panamá. El autor concentró la producción agropecuaria en el país, por lo tanto, consultó las páginas de web por otros y/o You tube sobre la información detallada del Canal de Panamá.

2. Comparación de los tamaños de la primera, segunda y tercera cerradura

La Tabla Nº1-2-1 muestra una comparación de los tamaños de la primera, segunda y tercera esclusas.

Anteriormente, era de 33.5m para la anchura del Canal de Panamá, por lo que fue imposible que los barcos más grandes que esta anchura no pueden pasar el Canal. Del resultado, fue estándar mundial para la anchura que es menos 33.5m. Se llama **Panamax** para esta anchura. Pero, al Panamax, se construyó las terceras esclusas que son de 51.25m para la anchura y se llama **Neopanamax**.

Tabla Nº1-2-1. Comparación de tamaños de la primera, segunda y tercera esclusas

	Primera y Segunda esclusas		Tercera esclusa	
	Cámaras de las esclusas del canal	Número de barcos que pueden pasar	Cámaras de las esclusas del canal	Número de barcos que pueden pasar
Largo (Eslora)	305m	294m	427m	370.33m
Ancho (Manga)	33.5m	32.3m	55m	51.25m
Profundidad (Calado)	12.6m	12.0m	18.3m	15.24m

(Fuente　https://www.panama.emb-japan.go.jp/files/000360415.pdf)

La Foto Nº1-2-1 muestra una vista panorámica de Panamax y Neopanamax según la Autoridad del Canal de Panamá (ACP). El frente es Neopanamax y la parte trasera es Panamax. El embalse detrás de Neopanamax fue construido para reutilizar la fuente de agua del lago de Gatún. Para la Foto Nº1-2-2, el autor tomó la Foto para mostrar el área del Canal de Panamá con no sólo Panamax (Esclusas de Miraflores, de Pedro Miguel y de Gatún) sino también Neopanamax (Esclusas de Cocolí y de Agua Clara).

Foto Nº1-2-1. Vista panorámica de Panamax y Neopanamax
(Fuente https://pancanal.com/en/celebrates-eighth-expansion-anniversary/)

Foto Nº1-2-2. Situación del Panamax y Neopanamax en el área del Canal de Panamá, 2009

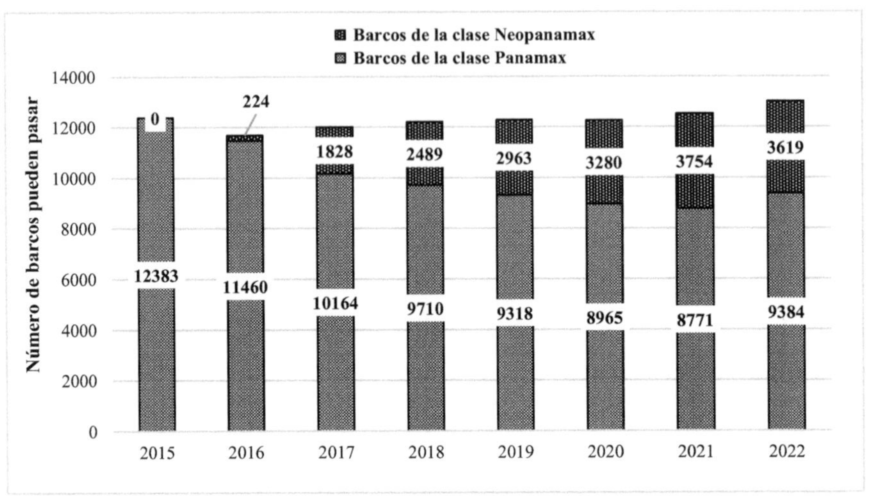

Figura Nº1-2-1. Dinámica del número de buques que pasan por Panamax y Neopanamax

(Fuente   https://www.panama.emb-japan.go.jp/files/000360415.pdf)

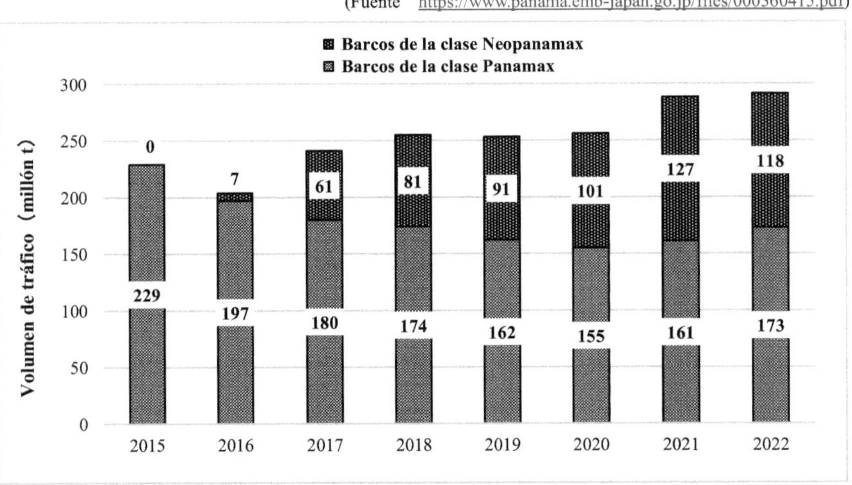

Figura Nº1-2-2. Dinámica del volumen de tráfico en Panamax y Neopanamax

(Fuente   https://www.panama.emb-japan.go.jp/files/000360415.pdf)

3. Número de buques que pasan y cantidad de carga que pasa

La Figura Nº1-2-1 muestra el número de barcos que pasan por Panamax y Neopanamax, y para la Figura Nº1-2-2 el volumen de tráfico, respectivamente. En el año 2015, fue cero para el número de barcos ni volumen tráfico puesto que todavía no se funcionó para el Neopanamax. Desde el año 2016, se observó la tendencia que aumenta, fue de 3619 para el número de barcos y para el volumen de tráfico, 118 millones de toneladas, respectivamente. Por aprovechamiento del Neopanamax, se utilizó gran volumen del agua dulce de Gatún (asegurado por lluvia).

4. Número de barcos que pasan por Panamax y Neopanamax por tipo de barco

La Figura Nº1-2-3 muestra la dinámica del número de barcos que pasan por Panamax por tipo de barco. En este libro se centra en la agricultura latinoamericana, los buques portacontenedores son aplicables para productos alimenticios como granos y carne transportados desde Estados Unidos y Brasil, y los barcos relacionados con productos químicos no están incluidos. Actualmente, si nos centramos en los portacontenedores, fue menos de la mitad para el número de barcos que pasaron por en el año 2016 en el año 2022.

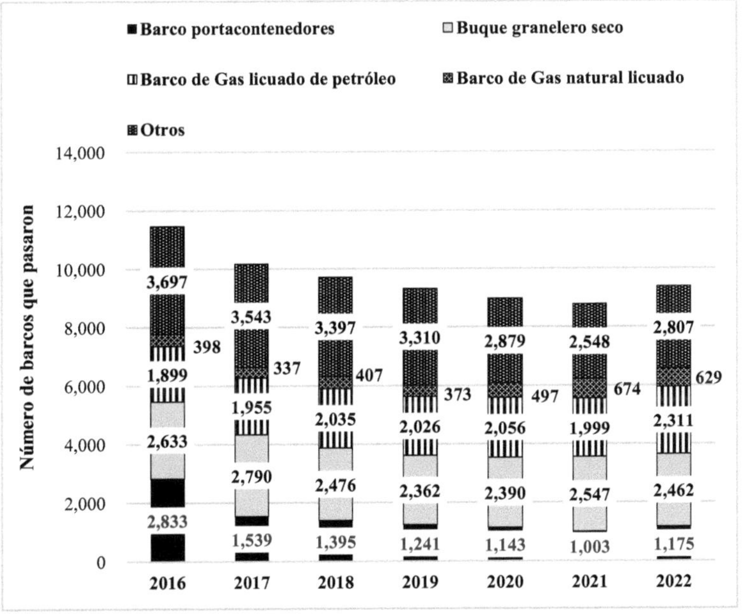

Figura Nº1-2-3. Dinámica del número de buques que pasan por Panamax y Neopanamax
(Fuente   https://www.panama.emb-japan.go.jp/files/000360415.pdf)

La Figura Nº1-2-4 muestra el número que pasaron por Neopanamax, y se lo utilizó para los buques portacontenedores y se registró aproximadamente 8 veces mayor en el año 2022 que en el año 2016.

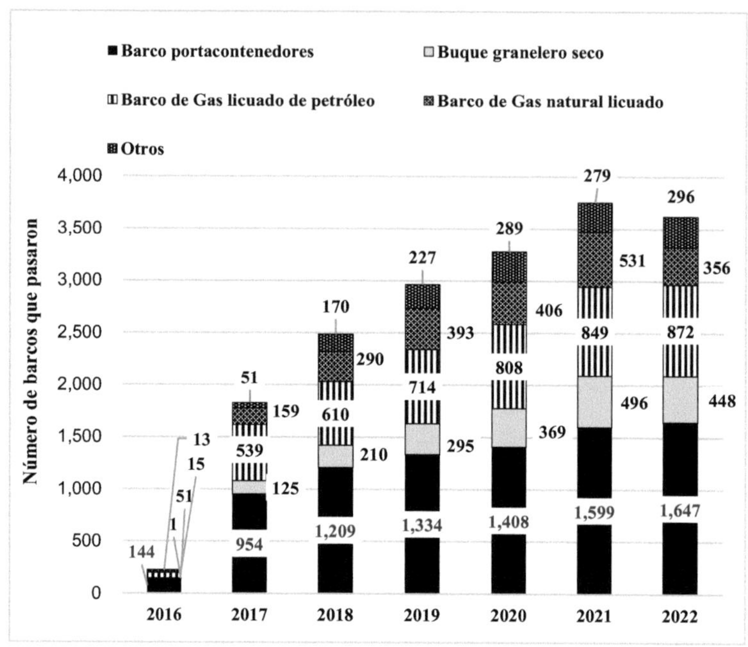

Figura Nº1-2-4. Dinámica del volumen de tráfico en Panamax y Neopanamax

(Fuente https://www.panama.emb-japan.go.jp/files/000360415.pdf)

Tabla Nº1-2-2. Tonelaje de barcos que pasan por el Canal por ruta (unidad: 1000t (t netas (PC/UMS)))[1]

Ruta del mar	2022		2021		
	(A)	Compartir (%)	(B)	Compartir (%)	(A)/(B)
Costa Este de los Estados Unidos (EE. UU.)- Asia	266,848	51.5	268,020	51.9	0.99
Costa este de los Estados Unidos - Costa oeste de América del Sur	45,407	8.8	41,435	8.0	1.09
Europa - Costa oeste de América del Sur	26,341	5.1	25,676	5.0	1.02
Costa Este de los Estados Unidos - Costa Oeste de Centroamérica	26,239	5.1	19,602	3.8	1.33
Entre Sudamérica	20,299	3.9	22,232	4.3	0.91
Costa este de América del Sur - Asia	16,567	3.2	20,947	4.1	0.79
Entre los estados unidos	14,192	2.7	12,765	2.5	1.11
Europa - Costa oeste de los Estados Unidos	13,059	2.5	13,892	2.7	0.94
Asia - Centroamérica Costa Este	8,440	1.6	7,287	1.4	1.15
Entre América Central	7,162	1.4	6,380	1.2	1.12
Total	518,173		516,173		

(Fuente https://www.panama.emb-japan.go.jp/files/000360415.pdf)

---

[1] Panama Canal Universal Measurement System (PC/UMS). Conversión Chart

https://www.convert-me.com/en/convert/volume/pcums.html?u=pcums&v=1

5. Tonelaje del Canal por cada ruta (Comparación entre los años 2022 y 2021)

La Tabla N°1-2-2 muestra el tonelaje de barcos que pasan por el Canal por ruta, comparando con los años 2022 y 2021. En conclusión, supera el 50% para la tasa de participación de la ruta Costa Este de EE.UU. - Asia, y tiene un gran impacto en las importaciones de cereales, carne, etc. de las superpotencias proveedoras de alimentos como EE.UU. y Brasil.

6. Dinámica del monto pagado al tesoro nacional por el Canal de Panamá

Finalmente, la Figura N°1-2-5 muestra la dinámica del monto pagado al tesoro nacional por el Canal de Panamá. Por el Acuerdo Carter Torrijos mencionado anteriormente, el Canal de Panamá fue devuelto a Panamá el 31 de diciembre del año 1999 y, desde el año 2000, se cambió el monto pagado al tesoro nacional para pesaje del Canal de Panamá.

Desde el año 2016, aumentó el pesaje, marcadamente por la ampliación del Canal de Panamá (Tercera Esclusa). Sin embargo, el autor informa el problema de sequía en el Canal de Panamá en el **3.** en el mismo Capítulo.

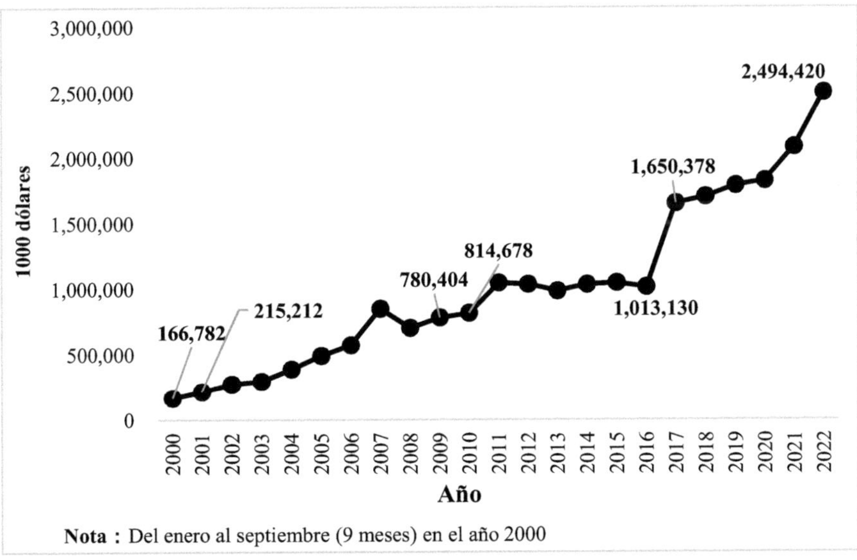

Figura N°1-2-5. Dinámica del monto pagado al tesoro nacional del Canal de Panamá

(Fuente https://www.panama.emb-japan.go.jp/files/000360415.pdf)

Referencias

El autor aprovechó las páginas de Web escrito en japonés y traduje los nombres en español y mostré URL de cada página de Web.

1) Ootake. K. 2008. Sobre planificación de terceras esclusas del canal de Panamá. Instituto de Investigación de Políticas Oceánicas. Fundación de Sasakawa. https://www.spf.org/opri/newsletter/180_3.html

2) Autoridad del Canal de Panamá. 2024. Panama Canal Celebrates Eighth Expansion Anniversary with New Draft and Daily Transits Increases. https://pancanal.com/en/celebrates-eighth-expansion-anniversary/

3) Estado del Canal de Panamá. 2023.Embajada de Japónen en Panamá. 000360415.pdf (emb-japan.go.jp)

4) Takemura. J. 2019. Información de la investigación del Canal de Panamá. The International Association of Ports and Harbors (IAPH) https://www.kokusaikouwan.jp/wp/wp-content/uploads/2019/11/Takemura_20191029.pdf

5) Wikipedia. https://es.wikipedia.org/wiki/Esclusas_del_canal_de_Panam%C3%A1

3. Sequía en el Canal de Panamá

1. Introducción

Según la ACP, al 31 de octubre del año 2023, este fue el período más seco desde en el año 1950, 73 años antes. Actualmente, las precipitaciones en octubre del año 2023 han disminuido un 41% respecto a años anteriores, y el lago Gatún, principal fuente de agua que abastece de agua a las esclusas del Canal de Panamá, ha caído a niveles sin precedentes para esta época del año.

Como sabemos, Panamá tiene un clima tropical, con una temporada de lluvias de mayo a diciembre y una temporada seca de enero a abril, lo cual conozco muy bien por muchos años de actividades en Panamá. Además, entienden por mis actividades en las provincias de Veraguas y de Coclé que de octubre a noviembre es en realidad el período con mayor precipitación.

Recientemente, incluso cuando faltan menos de dos meses para el final de la temporada de lluvias, la ACP y el gobierno de Panamá se han visto obligados a reducir el suministro de agua a más del 50% de la población debido a la disminución de la cantidad de agua en el Lago Gatún, que es la fuente de agua para la cuenca del canal, además de asegurar una cantidad mínima de agua y operar el Canal de Panamá, el país enfrenta grandes desafíos con la próxima temporada seca.

Existe la posibilidad de que los niveles de agua alcancen mínimos históricos entre marzo y abril del año 2024, que es el final de la temporada seca, y existe la preocupación de que esto afecte aún más el paso de los barcos por el Canal de Panamá.

2. Temperatura media y precipitación al año en la Ciudad de Panamá

Por los resultados del Instituto de Meteorología e Hidrología de Panamá (IMHPA), el autor ordenó la distribución de la precipitación en cada mes y la dinámica de temperatura en los años 2020 a 2024, respectivamente (Para la duración, **los 5 años**). Es los resultados para Albrook donde está cerca del canal de Panamá en la ciudad de Panamá

La Figura Nº1-3-1 muestra la precipitación y temperatura al año en el año 2020. Para la precipitación total es de **2048.9mm**. Por otro lado, para la temperatura casi no se cambia durante un año, **30.9ºC** para la temperatura máxima promedio, **24.8ºC** para la mínima y **27.8ºC** para la media, respectivamente.

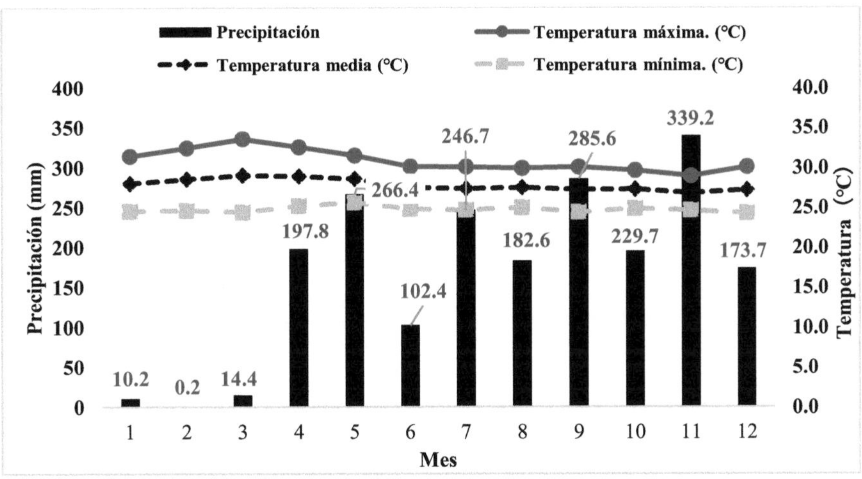

Figura N°1-3-1. Precipitación y temperatura al año en el año 2020.

(Fuente El autor ordenó los resultados del IMHPA en el año 2020)

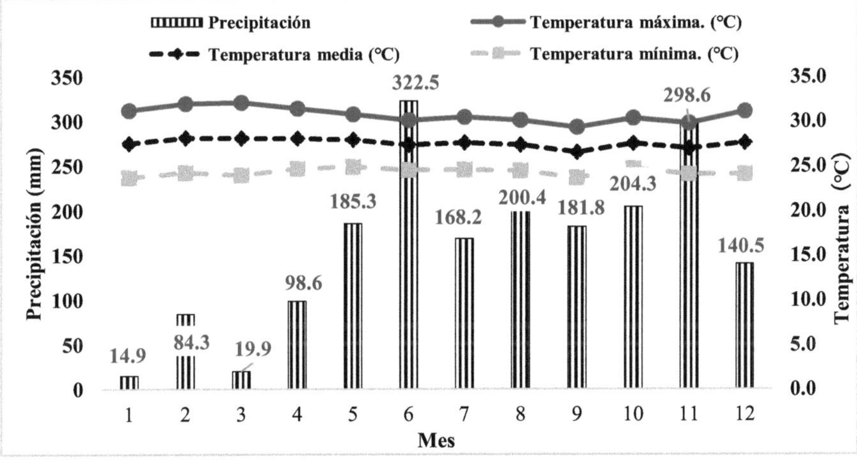

Figura N°1-3-2. Precipitación y temperatura al año en el año 2021.

(Fuente El autor ordenó los resultados del IMHPA en el año 2021)

Por otro lado, la Figura N°1-3-2 muestra la precipitación y temperatura al año en el año 2021. Para la precipitación total es de **1919.3mm**. Por otro lado, para la temperatura casi no se cambia durante un año, **30.7°C** para la temperatura máxima promedio, **24.3°C** para la mínima y **27.5°C** para la media, respectivamente.

Además, la Figura Nº1-3-3 muestra la precipitación y temperatura al año en el año 2022. Para la precipitación total es de **2313.0mm**. Por otro lado, para la temperatura casi no se cambia durante un año, **30.6ºC** para la temperatura máxima promedio, **24.3ºC** para la mínima y **27.4ºC** para la media, respectivamente.

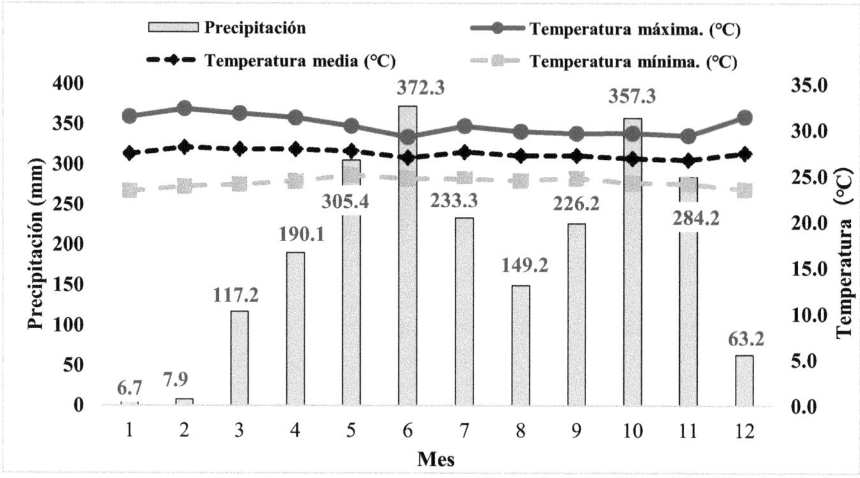

Figura Nº1-3-3. Precipitación y temperatura al año en el año 2022.

(Fuente El autor ordenó los resultados del IMHPA en el año 2022)

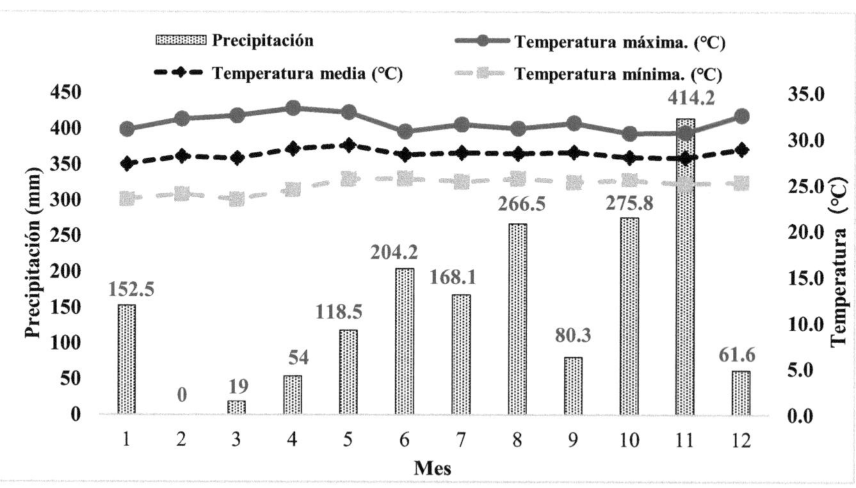

Figura Nº1-3-4. Precipitación y temperatura al año en el año 2023.

(Fuente El autor ordenó los resultados del IMHPA en el año 2023)

Además, la Figura Nº1-3-4 muestra la precipitación y temperatura al año en el año 2023. Para la precipitación total es de **1814.7mm**. Por otro lado, para la temperatura casi no se cambia durante un año, **31.7ºC** para la temperatura máxima promedio, **24.9ºC** para la mínima y **28.3ºC** para la media, respectivamente.

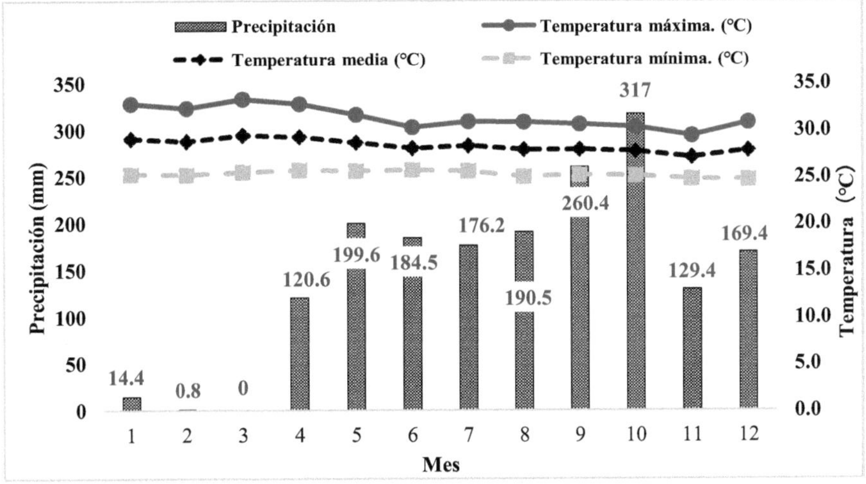

Figura Nº1-3-5. Precipitación y temperatura al año en el año 2024.

(Fuente El autor ordenó los resultados del IMHPA en el año 2024)

Además, la Figura Nº1-3-5 muestra la precipitación y temperatura al año en el año 2024. Para la precipitación total es de **1762.8mm**. Por otro lado, para la temperatura casi no se cambia durante un año, **31.3ºC** para la temperatura máxima promedio, **25.3ºC** para la mínima y **28.3ºC** para la media, respectivamente.

Actualmente, el autor realizó la comparación de precipitación y temperatura en los años 2020 a 2024 (ver la Figura Nº1-3-6).

Se observó menos precipitación y fue de 1696.2mm al año en el año 2023 dentro de los años pasados (2020 a 2022). Para el año 2022, fue de 2270.1mm y se registró alta precipitación, relativamente. Pero en el año siguiente (2023), se observó baja precipitación (ver la Figura Nº1-3-5). A continuación, al igual que el caso anterior, se observó más baja precipitación al año en el año 2024 que la precipitación en el año 2023.

De los resultados, sucedió la sequía en el Canal de Panamá y se afectó para el número de tráfico de barcos en el año 2023. Por algún tiempo, no se podrá ignorar el problema de la sequía y será necesario que observe la condición.

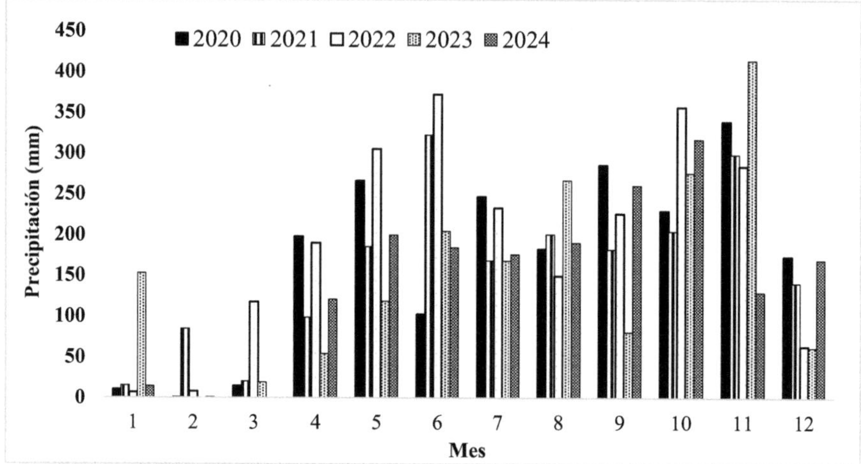

Figura Nº1-3-6. Comparación de precipitación y temperatura en los años 2020 a 2024.

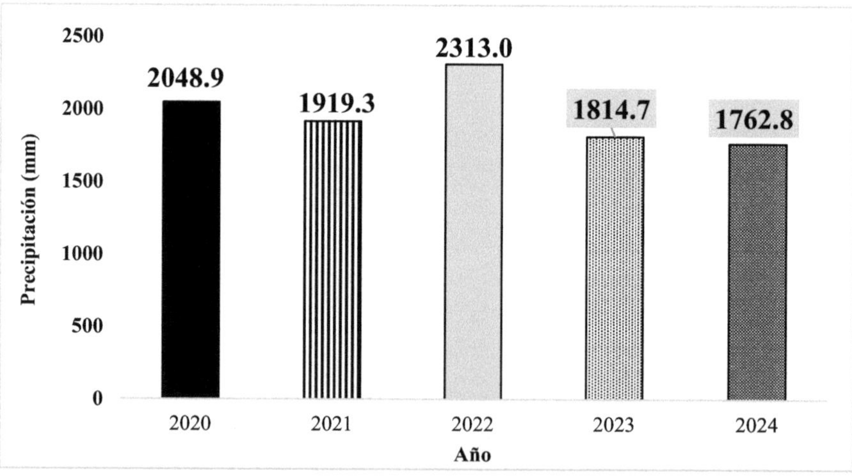

Figura Nº1-3-7. Dinámica de la precipitación al año en los años 2020 a 2024.

Cuidadosamente, la Figura Nº1-3-7 muestra la dinámica de la precipitación al año en los años 2020 a 2024. Del resultado, se observó la más alta precipitación al año en

2022 de los años, mientras que para los años 2023 y 2024, se observó más baja precipitación por el fenómeno de El Niño super y/o avanzo de la deforestación (desmonte) y quema no planificada por explotación de la producción agropecuaria convencional.

Además de estos, nuevamente, no se puede ignorar la explotación agropecuaria convencional por desmonte de bosques naturales tropicales y la quema no planificada en la región amazónica de norte no sólo en Brasil sino también en Panamá, Colombia, Ecuador, Perú y otros en los países de América Latina.

3. Cómo reutilizar el agua en el Canal de Panamá

1). Llenado cruzado implementado en las esclusas Panamax

Según la ACP, Actualmente, se realiza llenado cruzado (cross-filling) para ahorrar agua en respuesta al problema actual de escasez de agua en el Panamax. Se reutiliza el agua por este método, y en las esclusas del Panamax, el agua drenada de una esclusa se reutiliza a lado de la esclusa, lo que resulta en un ahorro de agua equivalente a la cantidad de agua consumida cinco veces al día.

Además, también se realiza la coordinación para permitir que dos barcos entren en la misma esclusa y pasen por ella al mismo tiempo, en la medida que lo permita su tamaño.

Foto N°1-3-1. Canal de Panamá Neopanamax y un estanque al lado

(Fuente https://crane1000.com/the-lowest-rainfall-in-73-years-panama-canal-congested-due-to-water-shortage/)

2). Reutilización del agua en Neopanamax

La Foto N°1-3-1 muestra una vista panorámica de Neopanamax. En la esclusa Neopanamax el agua se reutiliza en un estanque al lado.

4. Restricciones al número de buques que pasan por el Canal de Panamá

Cada vez que un barco pasa por el Canal de Panamá, se utiliza mucha agua, por lo que se esfuerzos para limitar la cantidad de barcos que pueden pasar por el Canal. Actualmente, según información relativa al Canal de Panamá al 31 de octubre de 2023, se realiza la limitación más que anterior para el número de barcos que pasan por el Canal durante la estación lluviosa, teniendo en cuenta menos precipitación.

En condiciones normales, se permitiría el paso de aproximadamente 36 barcos cada día, pero a partir de agosto del año 2023, el número se reducirá a 32 barcos por día. Desde entonces, se anunció que debido a la falta de lluvias (bajas precipitaciones), el número de barcos que transitan por la zona se irá restringiendo paulatinamente debido a la situación actual y la próxima temporada seca. La Tabla N°1-3-1 muestra los cambios en la cantidad de barcos programados que se pueden utilizar desde inicio de noviembre de 2023.

Tabla N°1-3-1. Cambio en el número de barcos programados para pasar por el Canal de Panamá de los años 2023 a 2024

Período	Número de barco／día	Porcentaje límite (%)
Del 3 al 7 de nov. 2023	25	69.4
Del 8 al 30 de nov. 2023	24	66.7
Del 1 al 31 de dic. 2023	22	61.1
Del 1 al 31 de ene. 2024	20	55.6
Del 2 de feb. 2024 -	18	50.0

(Fuente https://crane1000.com/the-lowest-rainfall-in-73-years-panama-canal-congested-due-to-water-shortage/)

Nota: El porcentaje límite (%) es una adición del autor y es un porcentaje basado en 36 barcos como 100%. Es decir, del 3 al 7 de noviembre de 2023, será 25÷36×100=69,4%.

De esta manera, el número de buques a los que se les permite pasar está disminuyendo y la reciente tasa de restricción del primero de febrero del año 2024 aumentó al 50% del nivel actual. Sin embargo, en noviembre del año 2023 hubo más precipitaciones de las esperadas (ver Figuras N°1-3-4 y N°1-3-5) y, al mismo tiempo, los niveles de agua aumentaron debido a las medidas de conservación del agua, la franja reservada para enero del año 2024. se restableció a 24 barcos/día.

Sin embargo, todavía se ha continuado el problema y actualmente, más de 200 barcos están esperando en frente de ambos extremos del Canal de Panamá (lado Pacífico y Caribe) por disminuirse el número de barcos que pasar por el Canal en agosto del año 2023 (Algunos barcos tuvieron que esperar casi dos semanas).

5. Temas de actualidad y plan de tránsito del Canal de Panamá en formato subasta

Con más de 200 barcos que no pueden pasar por el Canal, Panamá anunció que será posible reservar espacios de licencia disponibles dentro del límite diario de número de barcos en un formato de subasta[2]. Actualmente, parece que se puede pasar sin reserva, pero poco a poco está aumentando los días que hay que esperar hasta noviembre. Si un barco gana una reserva mediante licitación, podrá pasar por el Canal de Panamá, evitando a los barcos que habían llegado antes.

Tabla N°1-3-2. Número de embarcaciones que pasaron por Neopanamax y Panamax con y sin reservas

Esclusas	Barcos con la reservación	Barcos sin la reservación	Sin/Con (%)
Neopanamax	13	8	**61.5**
Panamax	32	67	**209.4**
Total	45	75	**166.7**

(Fuente https://crane1000.com/the-lowest-rainfall-in-73-years-panama-canal-congested-due-to-water-shortage/)

Nota: Sin reserva/Con reserva (%) es una adición del autor. Tomando el Neopanamax como ejemplo, es $8 \div 13 \times 100 = 61,5\%$.

Según la información reportada, en la subasta del 8 de noviembre de 2023, hubo ofertas de US$3,975,000 por el espacio de reserva, o aproximadamente 600 millones de yenes cuando se convierten a yenes japoneses. La oferta fue realizada por el grupo japonés ENEOS, y se navegó el barco LPG "Sunny Bright", de 230 m de eslora. El destino del "Sunny Bright" es Houston, Texas, EE. UU., y parece que arribó al fondeadero en la costa del Pacífico el 4 de noviembre, pero el tiempo de reserva del "Sunny Bright" quedó reservado para el 15 de noviembre luego de pagar 600 millones de yenes. Por fin, está

---

[2] Se trata de un **"Pase prioritario"** que el Comisionado de la ACP, Dr. Ricaurte Vásquez Morales, adoptó para evitar una situación crítica causada por la sequía (baja rentabilidad), e **impuso un recargo** como se puede pasar primero. Del resultado, se buscó aumentar los ingresos del Canal de Panamá más que antes. Del resultado, fue de 4,968 millones de dólares para las ventas en el año fiscal 2023 y de un 15% más interanual, según el informe de febrero de 2024 de la economía panameña (Además, se imagina un aumento adicional del 2.7% en el año fiscal 2024).

difícil de pasar por el Canal de Panamá como quieran. La Tabla N°1-3-2 muestra el número de barcos que pasaron por Neopanamax y Panamax con y sin reservas (al 14 de noviembre de 2023).

De esta manera, aunque hay barcos que reservan para pasar por el Canal a través de subastas, también hay barcos que pasan sin reservas en términos del porcentaje global, y esta tendencia es particularmente evidente en los barcos que pasan por el Panamax. Sin embargo, está difícil de continuar la condición sin la reserva, e imagina que se realiza gradualmente restricciones más estrictas en el número de barcos. Sin embargo, se cree que más barcos quedarán excluidos debido a las cuotas de reserva y, en este caso, más barcos podrán elegir rutas alternativas.

Foto N°1-3-2. Ferrocarriles de mercancías del Canal de Panamá en la Ciudad de Panamá, 2009

6. Transporte ferroviario como método alternativo

Actualmente, con el número limitado de barcos que pasan por el Canal, una forma de aligerar los barcos y navegar por el Canal es mediante el transporte ferroviario, que conecta los lados del Pacífico y el Caribe (Foto N°1-1-4). Este transporte ferroviario no es un negocio nuevo, pero después de que el Canal de Panamá fue devuelto a Panamá el 31 de diciembre de 1999, el área donde estaban estacionados los funcionarios estadounidenses se convirtió en el área de regreso, y supongo que desde entonces se han operado trenes de carga con frecuencia. eso es lo que pasó. Se trata de una estrategia de transporte ferroviario, en la que los contenedores y otras cargas se descargan en un puerto del lado del Pacífico o del Caribe y luego se cambia al transporte ferroviario para aligerar barcos como los grandes cargueros (Foto N°1-3-2). Al hacer los barcos más livianos, se contribuirá en gran medida a la conservación del agua durante el tránsito por el Canal. Luego de atravesar el Canal, los barcos serán recargados con contenedores y otros artículos en el puerto antes de dirigirse a su destino final. Por supuesto, la desventaja es que existen costos (incluidos los costos laborales) necesarios para cargar la carga en los puertos tanto del lado del Pacífico como del Caribe.

Como resultado, algunos barcos han renunciado a transitar por el Canal de Panamá y ahora buscan otras rutas (por ejemplo, el Canal de Suez, el Cabo de Buena Esperanza en el sur de África, la Patagonia en el sur de América del Sur, la ruta del Atlántico, etc.).

Como el método normal, los barcos varados en el lado del Atlántico pasen por el Cabo de Buena Esperanza en África y se dirijan a Asia. En el día de hoy el Canal de Suez está abierto, por lo que es una ventaja pasar por el Canal, pero actualmente hay guerras entre Israel y barcos de carga que son atacados por piratas. Por lo tanto, no se prefiere el Canal de Suez. Lo que evita parar por el Canal de Panamá, por supuesto, aumentaría la distancia recorrida y el costo sería enorme.

De todos modos, en necesario introducir tecnología que ahorre agua para el paso a través del Canal de Panamá, transporte eficiente por ferrocarril y establecer la producción agropecuaria y forestal sustentable con la conservación medio ambiental para que prevenga desmonte y quema inadecuada, fuertemente.

7. Estado del Canal de Panamá a agosto de 2024

1). Pregunté a mis colegas en Panamá

El autor le preguntó al MSc. Benjamín Name que es mi contraparte donde trabajó en el Instituto de Investigación Agropecuaria de Panamá (IDIAP) sobre el problema del Canal de Panamá. Entonces, el autor pude dedicarse la investigación en el campo en la Finca experimental de Calabacito a gracia de su apoyo en la época de Voluntarios de la Agencia Internacional de Cooperación del Japón (JICA) de los años 1992 a 95. Durante el período mencionado fue Director del Laboratorio de suelos en el IDIAP. Por otro lado, de nuevo el autor pudo dedicarse la investigación en la Finca experimental de El Coco como el Voluntario senior de la JICA de los años 2007 a 2009 como investigador principal y para él, fue Sub director del IDIAP.

Según él, las precipitaciones han vuelto a la normalidad en todo Panamá y los barcos varados ahora pueden pasar y que se agregarán otros embalses para evitar afectar el fenómeno de El Niño durante la temporada seca en el Messenger del Facebook. respuesta.

2). La principal causa del problema de sequía del Canal de Panamá es El Niño.

Según Jake Spring (primero de mayo de 2024), Investigador de World Weather Atribution (WWA) concluyó como reduciéndose la precipitación del año pasado por el fenómeno de El Niño sobre problema de los bajos niveles de agua en el Canal de Panamá han restringido el transporte marítimo y perturbado el comercio mundial (No es cambio climático para este problema).

Además, por el fenómeno de El Niño, se dio prioridad al suministro de agua a los residentes, lo que agravó el problema de sequía en el Canal de Panamá (el agua potable es el más importante para los residentes en el área de la Ciudad de Panamá y sus alrededores se están produciendo manifestaciones de residentes en el uso del Canal y de agua potable).

En particular, como se informa en la Figura N°5-3-4, las precipitaciones de Panamá en el año 2023 serán las terceras más bajas registradas (26% menos de lo normal), y el investigador mencionado de WWA mostró que El Niño terminó y Si la temporada de lluvias llegó como de costumbre, las operaciones normales se reanudarían este año.

Por otro lado, Steaven Paton que es investigador del Instituto tropical de Smithsonian predice que el canal estaría completamente rellenado a finales de año y el transporte marítimo volvería a la normalidad varios meses antes de esa fecha.

Referencias

1) Instituto de Meteorologia e Hidrologia de Panamá (IMHPA). https://www.imhpa.gob.pa/es/datos-diarios?estacion=2&mes=1&ano=2020

2) Instituto de Meteorologia e Hidrologia de Panamá (IMHPA). https://www.imhpa.gob.pa/es/datos-diarios?estacion=2&mes=1&ano=2021

3) Instituto de Meteorologia e Hidrologia de Panamá (IMHPA). https://www.imhpa.gob.pa/es/datos-diarios?estacion=2&mes=1&ano=2022

4) Instituto de Meteorologia e Hidrologia de Panamá (IMHPA). https://www.imhpa.gob.pa/es/datos-diarios?estacion=2&mes=1&ano=2023

5) Instituto de Meteorologia e Hidrologia de Panamá (IMHPA). https://www.imhpa.gob.pa/es/datos-diarios?estacion=2&mes=1&ano=2024

6) Jake Spring. 2024. El Nino and water management to blame for low water levels in Panama Canal: international team https://jp.reuters.com/world/environment/VXFEXIQLDNP2TAH5G6GDQDBHHI-2024-05-01/#:~:text=%E3%83%91%E3%83%8A%E3%83%9E%E9%81%8B%E6%B2%B3%E3%81%AE%E6%B0%B4%E4%BD%8D,%E5%8E%9F%E5%9B%A0%E3%81%A8%E7%99%BA%E8%A1%A8%E3%81%97%E3%81%9F%E3%80%82

7) Michael D McDonald. 2024. Panama Canal Eases Limits That Caused Global Shipping Bottleneck. https://www.bloomberg.co.jp/news/articles/2024-08-28/SIVSX7DWRGG000

CAPÍTULO II

CAMBIO CLIMÁTICO

1. Fenómeno de El Niño en 2023

1. ¿Qué es el fenómeno de El Niño?

Me gustaría confirmar el fenómeno de El Niño citando información de la Agencia Meteorológica de Japón y otras fuentes. Este fenómeno es un fenómeno en el que las temperaturas de la superficie del mar cerca de las costas de Ecuador y Perú en América del Sur se vuelven más altas que el año normal, y los lugares donde es probable que se formen **nubes cumulonimbus** esponjosas se cambian, y **la posición y la fuerza de los sistemas subtropicales de alta presión** se cambian. Como resultado, es más probable que se produzcan condiciones climáticas anormales. El autor explica la razón que ocurre el fenómeno de El Niño en el siguiente diagrama.

2. Un año normal sin el fenómeno de El Niño

En el año que no ocurre el fenómeno de El Niño, hay una amplia extensión de océano cálido cerca de Indonesia donde la temperatura de la superficie del mar supera los 28°C. En contraste, las temperaturas de la superficie del mar cerca de las costas de Ecuador y Perú en América del Sur son bajas, por debajo de 22°C (Figura N°2-1-1).

Las razones de esto se pueden dividir en tres.

1. Los vientos llamados **vientos alisios** siempre soplan desde el este, lo que lleva agua de mar cálida cerca de la superficie del océano hacia el lado oeste del Océano Pacífico frente a la costa de América del Sur.
2. Por el 1., el agua de mar cálida se acumula en el mar cerca de Indonesia en el oeste.
3. También por el 1., el agua de mar fría sube desde las profundidades del océano frente a la costa de América del Sur.

Luego, alrededor de diciembre de cada año, el afloramiento de agua de mar fría desde las profundidades del mar se ralentiza y las temperaturas de la superficie del mar cerca de las costas de América del Sur, como Ecuador y Perú, aumentan gradualmente. Como resultado, las temperaturas aumentan hasta entre 2 °C y 5 °C durante el período pico, de diciembre a enero, pero regresan a niveles normales alrededor de marzo. Este es un año normal.

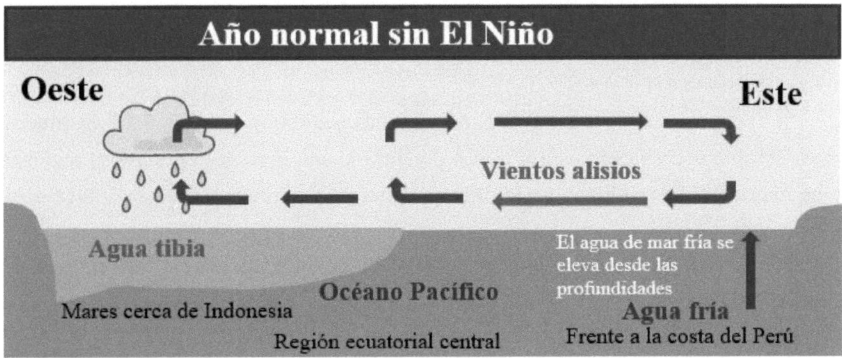

Figura N°2-1-1. Vientos alisios y temperatura del agua de mar en el lado del Pacífico en un año normal

(Fuente de la imagen: El mapa de la Agencia Meteorológica de Japón modificado por el autor)

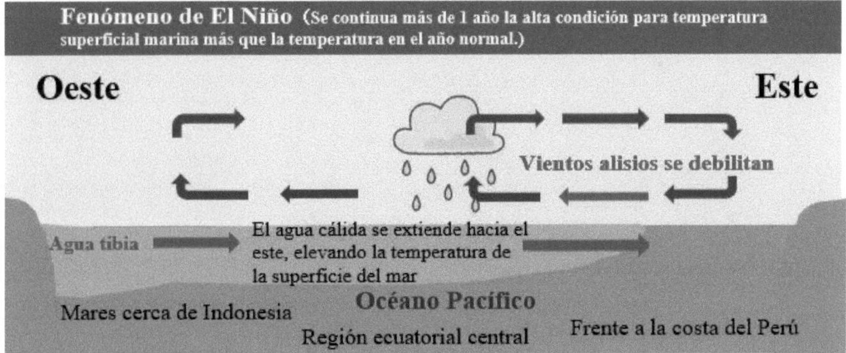

Figura N°2-1-2. Vientos alisios y temperatura del agua de mar en el lado del Pacífico durante el fenómeno de El Niño

(Fuente de la imagen: El mapa de la Agencia Meteorológica de Japón modificado por el autor)

3. Años en los que ocurre el fenómeno de El Niño

Sin embargo, en los años en que se produce el fenómeno de El Niño, la temperatura del agua del mar no vuelve a la normalidad en marzo, y el afloramiento de agua fría desde las profundidades del mar sigue disminuyendo. Además, cuando el fenómeno sucede, los vientos alisios se vuelven más débiles que el normal y el agua de mar cálida que se había acumulado cerca de la costa de Indonesia se extiende al agua de mar frente a la costa de América del Sur. Como resultado, siguen siendo altas para las temperaturas de la superficie del mar cerca de las costas de América del Sur.

Como resultado, el área del océano donde frecuentemente se forman las nubes cumulonimbus se desplaza hacia el este en comparación con años normales y no trae lluvia al continente (Figura Nº2-1-2).

Por este fenómeno de El Niño, provoca sequías y veranos fríos en muchas partes del mundo, y puede causar daños potencialmente mortales en algunas regiones, como reducción del rendimiento de cultivos agrícolas y productos marinos y escasez de agua.

Además, en los últimos años también ha recibido atención el fenómeno de La Niña que baja la temperatura de la superficie del mar a opuesto del fenómeno de El Niño.

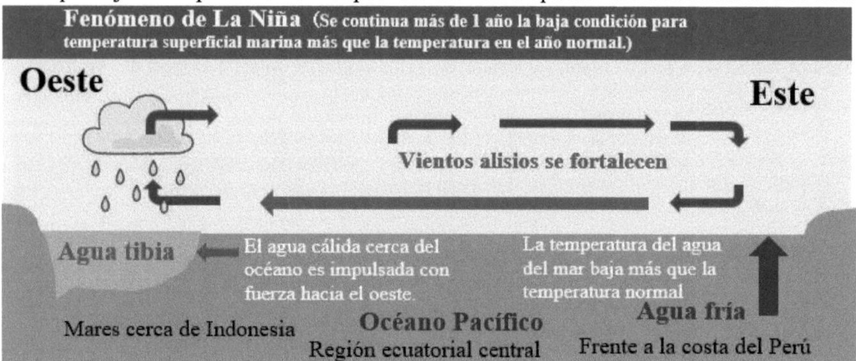

Figura Nº2-1-3. Vientos alisios y temperatura del agua de mar en el lado del Pacífico durante el fenómeno de La Niña

(Fuente de la imagen: El mapa de la Agencia Meteorológica de Japón modificado por el autor)

4. ¿Qué es el fenómeno de La Niña?

A diferencia del fenómeno de El Niño, La Niña es un fenómeno en el que la temperatura de la superficie del mar en la misma zona continúa siendo más baja que el normal durante seis meses o más y los investigadores han llegado a reconocer el fenómeno de La Niña como un fenómeno opuesto al fenómeno de El Niño en la época del año 1980 cuando se avanza para la investigación del fenómeno de El Niño (Este nombre fue propuesto por el oceanógrafo estadounidense Philander en el año 1985 y el nombre se mantuvo).

Durante un episodio de La Niña, los vientos alisios más fuertes más que el normal y empujan más agua hacia el oeste, aumentando el afloramiento de agua fría desde las profundidades. Como resultado, la temperatura de la superficie del mar en el este disminuye, lo que fortalece aún más los vientos alisios (Figura Nº2-1-3).

Se dice que el fenómeno de La Niña es la fase opuesta al fenómeno de El Niño, la fase más fría del cambio climático causada por las interacciones entre la atmósfera y el océano, y no es exactamente una imagen especular. Por ejemplo, el aumento de la temperatura de la superficie del mar causado por El Niño en el Océano Pacífico tropical oriental suele ser mayor que la disminución causada por La Niña, y la duración de La Niña suele ser más asimétrica (se omiten detalles);

5. Comparación del modelo entre El Niño y La Niña?

A continuación de las Figuras N°2-1-2 y N°2-1-3, la Figura N°2-1-4 muestra modelo cúbico de El Niño y de La Niña, respectivamente en el mundo. Será fácil de aprender para el fenómeno de El Niño y de La Niña en la misma Figura. Actualmente, da la mala influencia para la producción agropecuaria en la región de océano pacífico de los países de América Latina por El Niño.

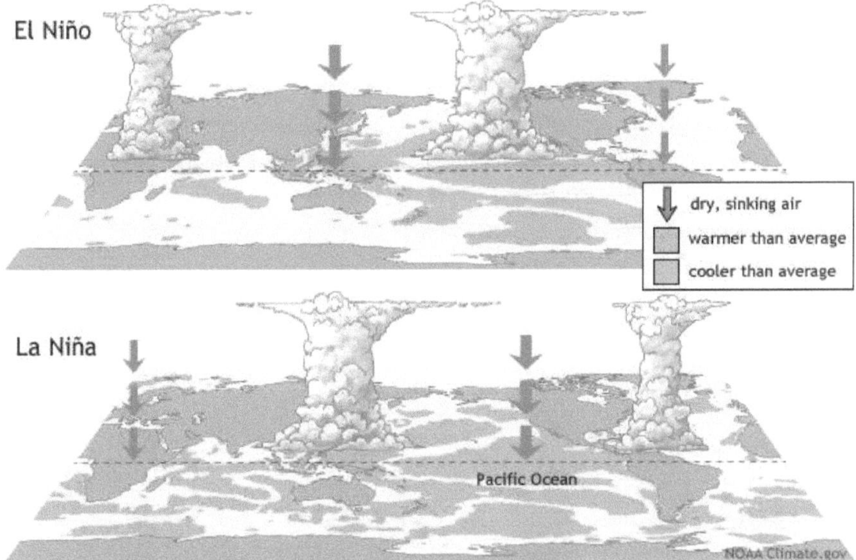

Figura N°2-1-4. Modelo cúbico de El Niño y de La Niña

(Fuente https://www.climate.gov/enso)

2. No se puede ignorar la expansión de la agricultura y la ganadería debido a la deforestación no planificada

1. Desmonte y quema no planificado por la explotación agropecuaria convencional

Además del fenómeno de El Niño, algunos investigadores sostienen que la causa es la expansión agropecuaria debido a la deforestación no planificada, incluso alrededor del lago Gatún y el lago Alajuela (menores precipitaciones debido a cambios en el microclima).

Esta situación no sólo provoca una disminución de las precipitaciones sino también el descenso de la capacidad de retención de agua de las montañas por la deforestación. Del resultado, se avanza la erosión hídrica de suelo y se provoca la contaminación del lago por suelo erosionado. Además, está fácil de acumularse para el suelo en el fondo del Canal.

El informe Diagnóstico de Bosques y Otras Tierras Boscosas (2023) destaca la urgencia de proteger los recursos forestales del país. La deforestación avanza a nivel nacional, con especial intensidad en las provincias de **Veraguas**, de **Darién** y de **Coclé**.

El tercer Diagnóstico de Bosques y Otras Tierras Boscosas (2023), del Ministerio de Ambiente (Miambiente), revela una alarmante crisis ambiental en Panamá, con la pérdida de 352,873 hectáreas de bosques y otras tierras boscosas en solo dos años.

El informe destaca la urgencia de proteger los recursos forestales del país, ya que la deforestación avanza a nivel nacional, con especial intensidad en las provincias de Veraguas, de Darién y de Coclé.

Rodney Samaniego, **jefe del departamento de Teledetección de Miambiente,** explicó que la deforestación, el cambio climático y la expansión urbana han afectado gravemente los bosques, especialmente en **Veraguas (37.6% de pérdida boscosa), Darién (15.9%) y Coclé (18%).**

Aunque el 67.15% del territorio panameño sigue cubierto por bosques y rastrojos, la pérdida de 352,873 hectáreas durante este periodo representa una reducción del **4%** en todo el país (Figura N°2-2-1).

Figura Nº2-2-1. Estado quedado de región boscosa en el Panamá, 2023 (Proporción quedada: 67,15% del territorio nacional)

(Fuente Ministerio de Ambiente de Panamá)

Samaniego también mencionó que, hasta 2023, Panamá contaba con aproximadamente **325,666.78 hectáreas de rastrojos** y **4,737,067 hectáreas de bosques**.

2. Investigación básica en la Finca

Por lo tanto, tiene sentido que la protección de los bosques pueda ayudar a aliviar la escasez de agua en el Canal de Panamá. Esto se debe a que la causa de sequía del Canal no está clara y se cree que los cambios ambientales se deben a causas complejas. Por lo tanto, es muy importante para tanto las contramedidas al calentamiento global como la conservación de los bosques para que evite esta crisis.

Por buena suerte, el autor pudo dedicarse la investigación agropecuaria y forestal en un suelo muy ácido **Ultisol** en la provincia de **Veraguas** y muy baja fértil **Inceptisol** en la provincia de **Coclé** con los miembros del IDIAP en la época de la JICA, y asegurar e informar los resultados valiosos (Figura Nº2-2-2). Y pudo realizar presentación en los congresos y la publicación de los libros. Para los trabajos, se puede aplicar no sólo en el Panamá sino también en los países de América Latina tales como Colombia, Ecuador, Perú y Brasil…etc. Por eso, nuevamente, el autor ordenó los resultados representativos con la duración de contagio de covid-19, piense la publicación de series como material educativo a los compañeros que les interesa.

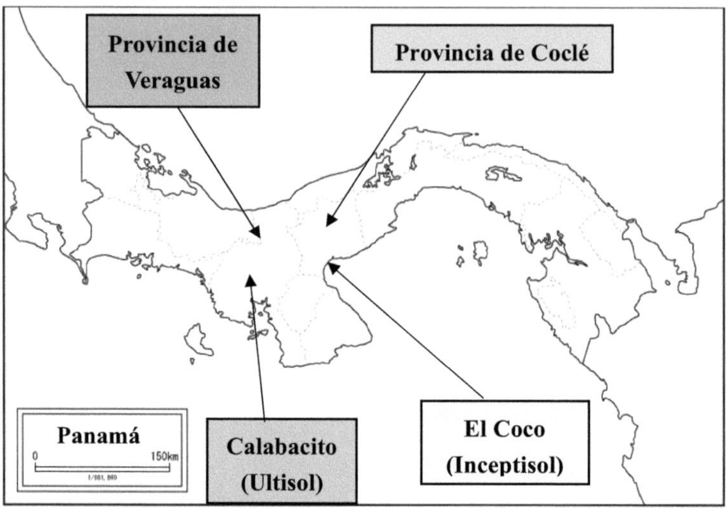

Figura Nº2-2-2. Dos situaciones donde el autor investigó en el Panamá.

3. Presentación y publicación de los resultados representativos obtenidos

Este es un problema no sólo en Panamá sino también en países los países de América Latina tal como la región amazónica de Brasil y otros. Como resultado, se puede avanzar el seco y/o sequía en los países de América Latina tal como Panamá, Colombia, Ecuador y Brasil.

Actualmente, se avanza empeoramiento de pasturas por la producción pecuaria convencional en la región amazónica y de Cerrado en Brasil y es un problema para la contaminación ambiental. Por eso, es necesario la educación para comprender a los investigadores, técnicos, maestrantes y haciendas (fazendas en portugués) en Brasil.

Por lo tanto, como se mencionó anteriormente, recientemente (a fines de mayo de 2024) enviamos y publicamos un artículo en portugués en una revista brasileña relacionada con el medio ambiente y animal
(https://ojs.brazilianjournals.com.br/ojs/index.php/BJAER/article/view/67791).

Por supuesto, el autor realizó presentaciones y publicaciones en español para los compañeros en los países de América Latina con Panamá que usan el idioma español (aquí se omiten los detalles).

3. Situaciones donde el autor se dedicó a la investigación en las Fincas Experimentales

1. Laboratorio de suelos en Divisa y Finca Experimental de Calabacito

1). Época del Voluntario joven de la JICA (1992 a 95)

El autor se pudo dedicar el manejo de la fertilidad del suelo ácido rojo Ultisol que observa alto contenido del Al intercambiable y arcilla para establecer la producción agrícola con bajos insumos en la Finca Experimental de Calabacito en la provincia de Veraguas (8°14'N y 81°04'W), Panamá del 1992 al 95 durante los 3 años y 1 mes con los miembros del laboratorio de suelos en el IDIAP (ver la Figura N°2-2-2) como Voluntario joven bajo condición de la JICA (Agencia de Cooperación Internacional del Japón).

Para el autor, fue Panamá como primer país y entonces, no tuvo el conocimiento básico de la ciencia del suelo tropical bajo sistema americano. Por buena suerte, al trabajar e investigar en el IDIAP, pudo estudiar el concepto básico del manejo y realizar varios tipos del experimento en el campo cultivado con arroz de secano, maíz y frijol con las investigaciones acompañantes.

2). Época de Investigador acompañante con Experto de JICA como corto plazo (1994 a 2002)

Además, por buena suerte, a gracia de mi contraparte, el autor pudo continuar manejo de la fertilidad del suelo Ultisol en la misma finca experimental cultivado con arroz de secano, tubérculos (Yuca, Ñame y Otoe), reforestación por las nuevas especies, producción pecuaria con introducción de los pastos mejorados y sistema silvopastoril en los años 1994 a 2002, visitando al IDIAP, aprovechando el financiamiento para la investigación en Japón y trabajando como experto de la JICA.

2. Finca Experimental de El Coco

De nuevo, el autor se pudo dedicar la investigación en la Finca Experimental de El Coco en el IDIAP en la provincia de Coclé (8°25'N y 80°21'W) y como voluntario senior bajo condición de la JICA durante los 2 años (2007 a 2009) sin terminar el trabajo japonés, y ser investigador principal en el IDIAP con asegurar US$ 2000 como el presupuesto del IDIAP además del financiamiento de la JICA, teniendo en cuenta haber tomado el grado doctoral Ph.D.

3. Clasificación del suelo en la Finca Experimental de Calabacito

1). Clasificación del suelo

En Panamá se registró 70% como Ultisol con muy ácido, y en la Finca Experimental de Calabacito en la Provincia de Veraguas (ver la Figura Nº2-3-1), se clasifica dentro de la **familia fina, mezclada, isohipertérmico, típico Plintudult**. Se forma a partir de material sedimentario compuesto de todas y aglomerados del mioceno. El pedón posee un epipedón ócrico sobre horizonte argílico, saturación de bases extremadamente baja y en horizonte con plintita bien desarrollado. Para el grande grupo, se asignó como el **plintudult** al pedón y para el subgrupo **Típico plintudult**.

2). Situación de Calabacito

Se encuentra ubicada a orillas del Río Santa María, en el poblado de Calabacito y una distancia de 20km de la ciudad de Santiago. Al igual que los Alfisoles, los Ultisoles se han encontrado en las áreas planas y onduladas de geoformas, muy estables. Se han desarrollado a partir de material sedimentario de las precipitaciones medias anuales oscilan entre 2515 y 2974 mm. Al igual que los Alfisoles presentan un intenso proceso de translocación de arcilla, que se manifiesta en horizontes argílicos muy desarrollados.

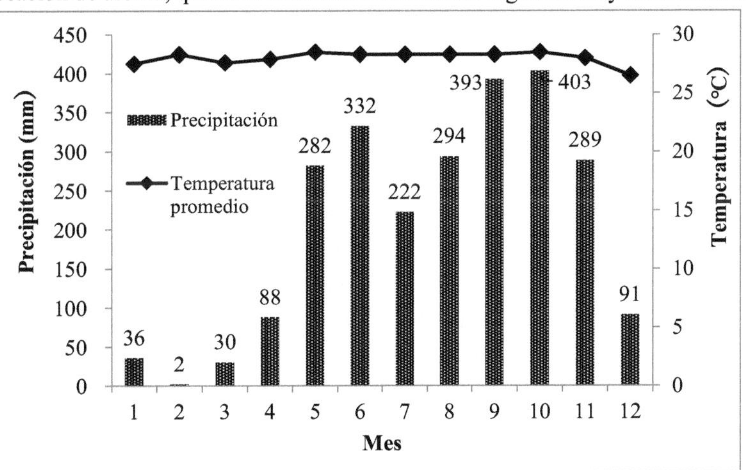

Figura Nº2-3-1. Precipitación y temperatura en cada mes en la Finca Experimental de Calabacito, Veraguas, Panamá.

(Fuente: Valor promedio del 1990-2000, IDIAP)

3). Clima en la Finca Experimental

El clima del sitio se caracteriza por ser tropical húmedo, con promedio de 2461 mm de precipitación al año, con una temperatura promedio que oscila entre 20 y 35°C (ver la Figura N°2-3-2).

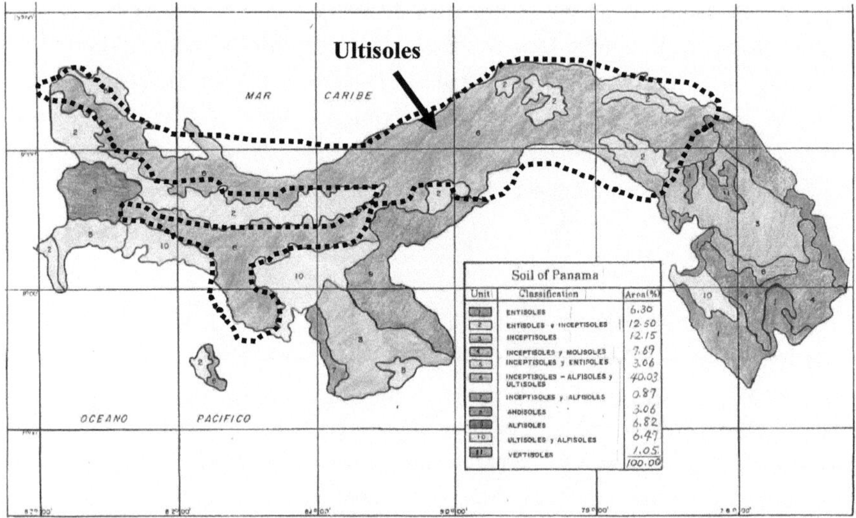

Figura N°2-3-2. Clasificación de órdenes de suelos por la Taxonomía en Panamá

(Fuente: Jaramillo, S. 1991)

4). Distribución del suelo en Panamá

La acidez de los suelos, es fuerte limitante para la obtención de óptimos rendimientos en muchos cultivos y pastos en Panamá. Se ha estimado, según la Comisión de Reforma Agraria de Panamá (1970), que el 60% de los suelos agrícolas son ácidos (Se ocupa más de 40% para suelo Ultisol : Ver la Figura N°1-2-3-1) y, por tal motivo, para un mejor manejo y productividad es necesario enmendarlos con cal agrícola ya que ésta, neutraliza dicha acides, la que puede provenir de hidrógeno (H^+) o de aluminio (Al^{3+}) intercambiable, este último es la principal causa de la acidez de nuestros suelos; aunque ésta no es exclusiva de los suelos de Panamá.

En los trópicos, el manejo de los suelos está condicionado a muchos problemas, Sánchez (1977), debido principalmente a un alto contenido de aluminio intercambiable, reflejándose en otra serie de problema, tales como: pH bajo, fijación de fósforo (P) y

39

toxicidades y deficiencias de ciertos elementos.

Muchos estudios han demostrado el efecto benéfico que tiene la cal como enmienda de los suelos ácidos, sin embargo, al intentar extrapolar las prácticas de encalamiento de las áreas templados en las áreas tropicales, ocurrieron grandes fracasos, debido a que dichas recomendaciones consistían, básicamente, en escalar hasta un pH determinado, usualmente pH 7, Kamprath (1970), Sánchez y Salinas (1983). Según estudios realizados con suelos ácidos del trópico, se comprobó que dicha práctica fue contraproducente. Esto implica que los criterios considerados para el encalamiento de los suelos de las zonas tropicales, incluyendo Panamá.

4. Clasificación del suelo en la Finca Experimental de El Coco

1). Clasificación del suelo

A este grupo de Inceptisol es ubicado en la Finca Experimental de El Coco en Penonomé. Se originan a partir de materiales de origen fluvio-marino. El régimen de humedad de la región es ústico, sin embargo, el sitio en donde se localiza el pedón estudiado posee una baja permeabilidad y drenaje pobre, por lo que el suelo, posee un régimen de humedad acuico.

El pedón ha sido clasificado dentro de **la familia fina, mezclada, isohipertérmico Aeric Tropaquept**. Posee un epipedón ócrico sobre un horizonte cámbico y características morfológicas típicas de una capa freática alta. En el horizonte B se tiene un incremento de arcilla, pero este rasgo distintivo se interpreta como producto de deposiciones fluvio marinas y no como traslocación de arcilla. Esta interpretación se sustenta por la inconsistencia en la relación limo/arcilla y flucturaciones en el contenido de arena gruesa y muy gruesa.

Estos suelos tienen una mineralogía mezclada y domina en ella la caolinita y la montmorillonita, con cantidades secundarias de cuarzo. La capacidad de intercambio de cationes es baja, la saturación de bases alta, y la retención de humedad baja, por lo que las reservas de agua de este suelo en época seca son mínimas.

Por otro lado, el autor se pudo dedicar la investigación sobre el manejo de la fertilidad del suelo **Inceptisol** cultivado con arroz y pasto en la Finca Experimental de El Coco de nuevo de los años 2007 a 2009 (ver la Figura N°2-2-2).

2). Clima en la región de El Coco en la provincia de Coclé

En la Finca Experimental de El Coco, presenta una elevación de 100 metros sobre nivel del mar (m.s.n.m), con una precipitación promedia de 1480 mm/año y temperatura media que oscila entre 20 y 35°C.

La Figura Nº2-3-3 muestra la precipitación en El Coco en los años 2007 y 2008. A diferencia del caso de Calabacito, relativamente se observa baja precipitación anual y alta oscila en cada año. Pero se observó alta precipitación en el año 2007 y fue de 1927 mm, mientras que para el año siguiente (2008), 868 mm.

Por lo tanto, relativamente, pudo aumentar el rendimiento, tomando en cuenta registro de alta precipitación en el primer año (2007), mientras que para el segundo año (2008), se observó bajo rendimiento, relativamente.

De todos los modos, el autor informa los resultados valiosos obtenidos para el rendimiento de grano de arroz durante los 2 años con alta variación de la precipitación.

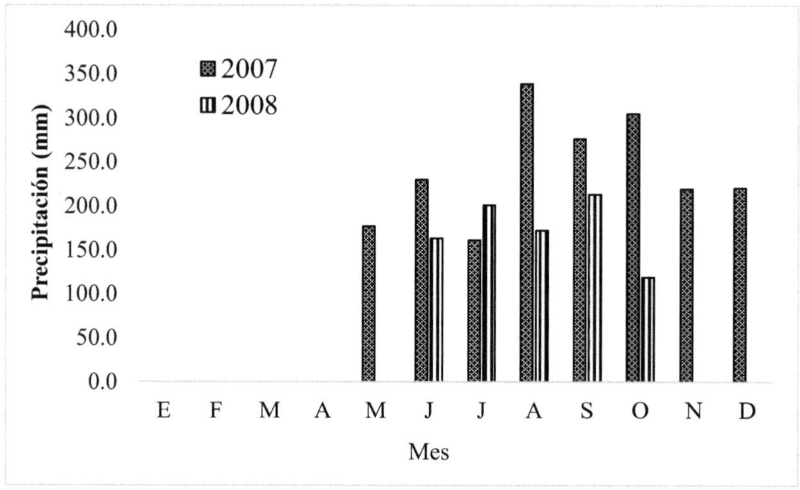

Figura Nº2-3-3. Precipitación en la Finca Experimental de El Coco en los años 2007 a 2008.

Referencias

1) Aleida Samaniego C.2023. Panamá pierde 352,873 hectáreas de bosques y otras tierras boscosas en dos años | La Prensa Panamá

2) El Niño & La Niña (El Niño-Southern Oscillation) https://www.climate.gov/enso

3) Jaramillo, S. E. 1991. Pedones y campo y estaciones experimentales del IDIAP. Boletín Técnico No 38. Divisa, Panamá. pp 67 p.

4) NTT. Beyond our planet. https://www.rd.ntt/se/media/article/0078.html

CAPÍTULO III

MANEJO DE LA FERTILIDAD DEL SUELO ULTISOL (VERAGUAS)

1. Introducción

En el día de hoy se avanza desastre ambiental con desmonte y quema en el bosque para que extienda la producción agropecuaria en los países de América Latina. Actualmente, después de explotar la tierra para la producción, no se la puede mantener durante largo plazo, por lo que la tierra se abandona. E igualmente, se puede ignorar que produce el di óxido de carbono como gas invernadero.

Después de explotar la tierra para la producción agropecuaria, con el tiempo la superficie cultivable se erosiona por lluvia, se cambia la condición compactada. Por eso, es difícil de recuperarse para la tierra con la reforestación.

Como otra estrategia, se recomienda un sistema silvopastoril para establecer la producción pecuaria sustentable, seleccionando la especia de árbol y pasto que puede adaptar a la tierra.

Además, también se recomienda el cultivo de pasto gramíneo asociado con el leguminoso para que mantenga la producción pecuaria. Como estos objetivos es proteger los árboles plantados y fertilidad de suelos y prevenir más desmonte y quema, e igualmente la más producción de di óxido de carbono (CO_2).

El autor se dedicó la investigación básica sobre estos trabajos en un suelo Ultisol de Panamá. Se los informó a los participantes en el congreso internacional y otros.

2. Comportamiento de las 6 especies de árbol maderable y/o múltiple

1. Plantación y fertilización al primer año

Nuevamente, el autor y acompañantes panameños del IDIAP intentaron la plantación de las 6 especies de + arboles maderables y/o múltiples en la misma región.

Se escogieron y plantaron las 4 especies que se introdujeron del CATIE (Centro Agronómico Tropical de Investigación y Enseñanza) en Costa Rica tales como Laurel (*Cordia alliodora*), Cedro amargo (*Cedorela odorata*), Cedro espino (*Bombacopsis quinatum*) y Guayacan (*Tabebuia guayacan*). Además, se escogieron y plantaron las 2 especies que se introdujeron del INRENARE (Instituto Nacional de Recursos Naturales Renovables) en Panamá tales como Nim (*Azadirachta indica*) y Jagua (*Genipa americana*).

Para el área plantado de cada tratamiento de la fertilización como sub parcela en cada árbol como parcela principal, 18m×18m (el número las plántulas del árbol plantado fue de 36 y para espacio de cada árbol, 3m×3m). Para la cantidad aplicada, 60gN、 120g P_2O_5、 60g K_2O y 2,200g de la cal por cada árbol, usando Urea, Superfosfato triple, KCl y Cal agrícola, respectivamente. Se explica los resultados obtenidos.

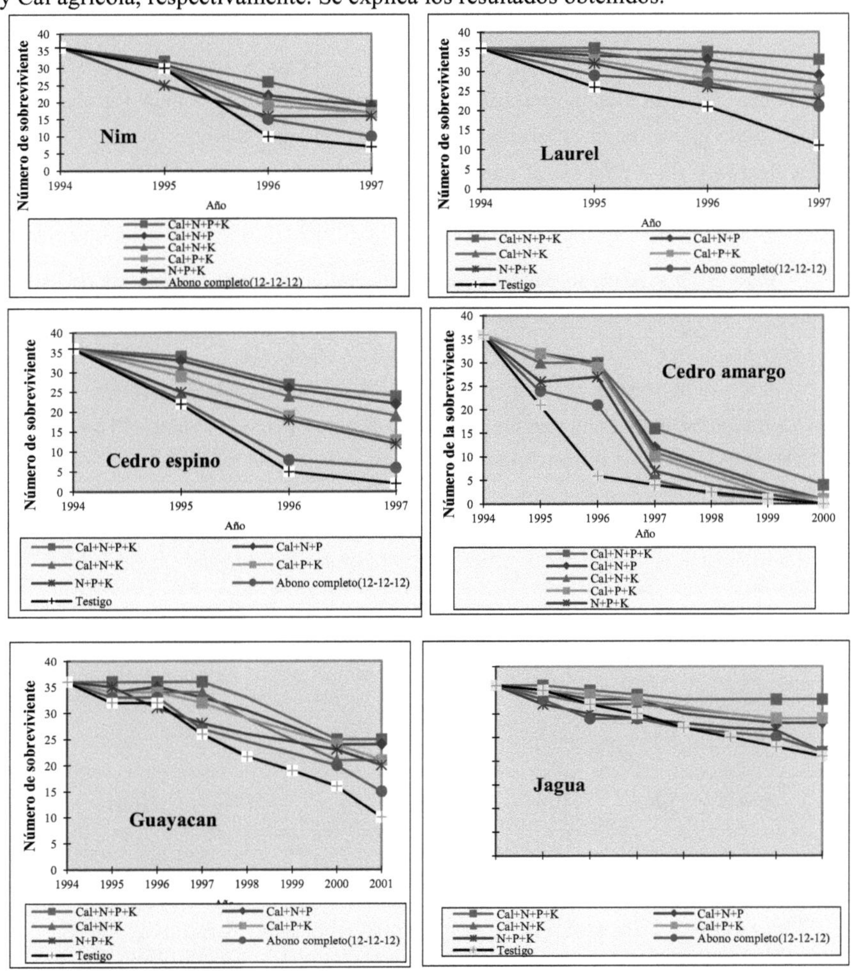

Figura Nº3-2-1. Dinámica de sobreviviente para las 6 especies.

2. Dinámica de sobreviviente para cada árbol durante los 3 o 7 años

La Figuras Nº3-2-1 muestra dinámica del sobreviviente en cada árbol Nim, Laurel, Cedro espino, Cedro amargo, Guayacan y Jagua, respectivamente.

Para la altura de cada árbol se observó el crecimiento vigoroso en el tratamiento con Cal+N+P+K, relativamente. Pero, para el sobreviviente, no pudo esperar buenos resultados.

Para el Nim, Laurel, Cedro espino y Cedro amargo, se observaron el más bajo sobreviviente (la más alta mortalidad) en el Testigo, aunque se aplicó Cal+N+P+K, tampoco pudo ganar buenos resultados. Teniendo en cuenta alto contenido del Al intercambiable y de arcilla en el suelo ácido empeorado, no se pudieron adaptar al ambiente para los 4 árboles hasta los años 1997 o 2000.

Para el Guayacan, se perdió el sobreviviente en el testigo, mientras que se lo mantuvo en los Tratamientos con Cal+N+P+K y Cal+N+P. Los nutrientes de Cal, N y P serán muy importante para el árbol en el suelo ácido empeorado.

Por otra parte para el Jagua, no se observó gran diferencia del sobreviviente en todos los tratamientos en comparación con otros 5 árboles, pero el valor en el Tratamiento con Cal+N+P+K fue el más alto, mientras que para el testigo el más bajo.

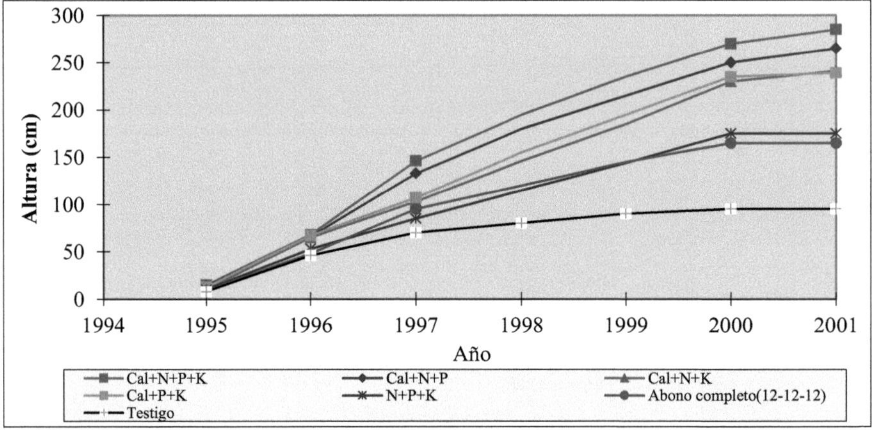

Figura Nº3-2-2. Dinámica de la altura para el árbol Jagua durante los 7 años.

3. Dinámica de la altura para el árbol Jagua durante 7 años

La Figura Nº3-2-2 muestra dinámica de la altura en la Jagua que tuvo tolerancia a la acidez del suelo Ultisol. Se observó el más alta en el tratamiento con Cal+N+P+K para la altura en el árbol. Se considera que hubo efecto de la aplicación completa, teniendo en cuenta la condición empeorada del suelo con bajo contenido de nutrientes. Especialmente, se observó unos 150-180cm de la altura para la Jagua hasta el año 1997. Por el contrario, los valores en el testigo fueron el más bajo de todos los tratamientos, relativamente.

Foto N°3-2-1. Árbol Jagua a unos 6 años después de injertar (Estación lluviosa), 2001.

Lo interesante es que los valores en el tratamiento con Cal+N+P fueron el más segundo altos, se considera que la aplicación nitrogenada y fosfatada fue muy importante además de la cal.

De todos los modos, para la Jagua, se logró unos 250cm de la altura en el tratamiento con Cal+N+P+K hasta el año 2001, y se pudo adaptar al suelo con manejo de la fertilidad adecuada, periódicamente en el futuro cercano (ver la Foto N°3-2-1).

Para la plantación de árboles en la tierra que cortó los árboles nativos, infértil y/o abandonada, es necesario que realicemos la investigación básica tal como Calicata del suelo antes de la plantación y comparación del comportamiento de árboles por distinto manejo de la fertilidad del suelo durante los 4 o 5 años...etc.

3. Comportamiento del Mangium y Teca

El autor y acompañantes panameños evaluaron Mangium (*Acaica mangium*) (ver la Foto N°2-3) y Teca (*Tectona grandis*) como árbol tolerancia a la alta acidez y realizaron la dinámica del crecimiento para los dos árboles.

1. Plantación y manejo para Mangium

Se plantó plántula de Mangium (*Acacia mangium*) en el área experimental de alrededor de 5000m^2 con el espacio de 3m por 10m en julio del año 1994. Como medición, altura del árbol del 1995 al 2000 por el Método de ángulo fijo con clinómetro y DAP[3] (Envuelva una cinta métrica a alrededor del tronco del árbol a una altura de 1,5 m sobre el suelo y encuentre el diámetro dividiendo la circunferencia por Pi = 3.14).

2. Plantación y manejo para Teca

La vegetación existente era una mezcla de pastos, *Andropogon bicornis* y *Hyparrhenia ruffa*. Los cuales fueron incorporados con el arado y rastra a inicios del experimento. Se preparó el tratamiento sin la aplicación de cal (Testigo) y con cal para estimar su efecto sobre el crecimiento de teca en el año 1997. El tamaño de las parcelas fue de 100m por 100m para un total de una hectárea.

La teca se plantó en 3m por 3 m para un total de 900 árboles por hectárea en la parcela experimental en Calabacito. Se aplicó 3t/ha de carbonato de calcio (88% CaCO$_3$) al momento de la plantación en el tratamiento con cal. Los fertilizantes Urea, Superfosfato triple y Cloruro de Potasio se aplicaron al momento de la siembra en ambos tratamientos como fuente de N, P y K, respectivamente. La aplicación de estos fue de 100kgN/ha, 100kgP$_2$O$_5$/ha y 60kgK$_2$O/ha, respectivamente.

3. Dinámica de la altura y DAP para Mangium

La Figura N°3-3-1 muestra la dinámica de la altura del árbol Mangium que se injertó el año 1994. E igualmente para la dinámica del DAP en la misma Figura (se escogieron 3 a 4 árboles que se podía crecer muy bien a condición que contuviera alto Al intercambiable en el suelo).

En realidad, el sobreviviente del árbol fue de 75% dentro de unos 6 años, por lo que se considera que el árbol leguminoso pudo adaptar a la condición.

---

[3] **DAP**= Diámetro de Altura de Pecho

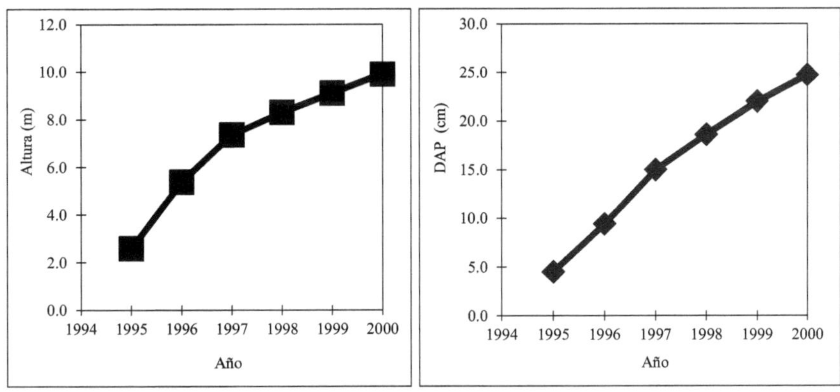

Figura Nº3-3-1. Dinámica de la altura y del DAP para Mangium.

Nota: Se aplicó 600kg/ha de la roca fosfórica del Carolina del Norte en el año 1993.

Es conocido alto contenido del Al intercambiable en el suelo Ultisol y que hay tendencia de la mortalidad para el Mangium por la observación del CATIE e IDIAP. Después de unos 8 a 9 años de injertarlos, si observara alta mortalidad para el árbol, se observaría alto contenido del Al en la más profundidad del suelo. En este caso, no será necesario que mantenga la forestación ni sistema agroforestal y/o silvopastoril para siempre. A la época adecuada, se los pueden cortar y se los venden como madera, leño y carbón, teniendo en cuenta tamaño del tronco.

FotoNº3-3-1. Árbol leguminoso Mangium (*Acacia mangium*) en un suelo Ultisol de Panamá, 2000.

Las Fotos N°3-3-1 y N°3-3-2 muestran la buena condición del Mangium plantado durante la estación lluviosa y seca (medir del DAP), respectivamente.

FotoN°3-3-2. Medir del DAP en el Árbol leguminoso Mangium (*Acacia mangium*) en un suelo Ultisol de Panamá, 2001.

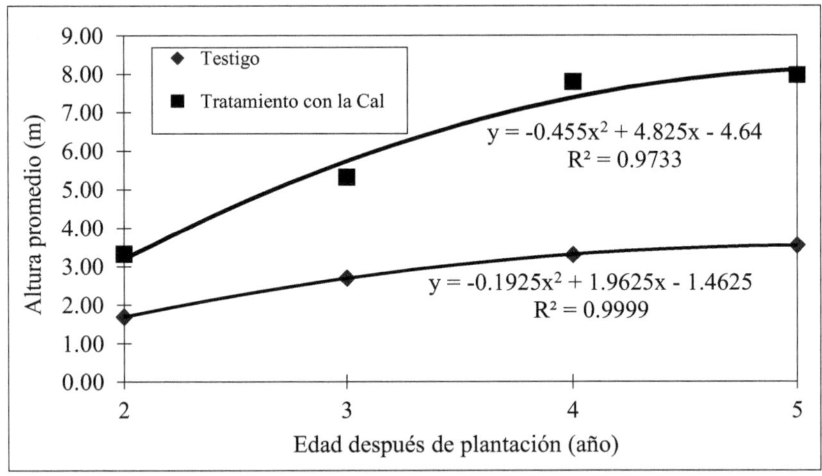

Figura N°3-3-2. Comparación del crecimiento de la teca sin cal y con cal durante los 4 años (1998 a 2001) en Calabacito, Veraguas, Panamá.

4. Dinámica de la altura para Teca

La Figura Nº3-3-2 muestra la comparación del crecimiento de la teca sin cal y con cal durante los 5 años, e igualmente, se puede observar el estado de los árboles con cal y sin cal durante la estación seca en la Foto Nº3-3-3. Para la Foto Nº3-3-4, el crecimiento con cal durante la estación lluviosa.

Foto Nº3-3-3. Apariencia de la Teca con cal y sin cal durante la estación seca en el año 2001.

Foto Nº3-3-4. Apariencia de la Teca con cal durante la estación lluviosa en el año 2001.

Según los resultados, el crecimiento de la Teca con cal fue mejor que sin cal. Así, se considera que la aplicación de cal al momento del trasplante es muy importante para la teca en suelos ácidos Ultisoles. De la Figura N°2-9, la altura de los árboles aumentó hasta cerca de 8m en 5 años.

Además de estos árboles, para Pino (*Pinus carebaea*) y Camaldulensis (*Eucalyptus camaldulensis*), se pudo adaptar al ambiente del suelo Ultisol. Pero, se preocupa que será la plantación simple y se atacará por patógenos e insectos para los árboles plantados en la región.

5. Pequeña conclusión

Básicamente, se pudieron adaptar las especies exóticas de árboles tales como Eucalipto, Pino, Mangium y Teca… en su suelo Ultisol con alta compactación y alto contenido del Al intercambiable. Además, para la Jagua también. Pero, después de la plantación de los árboles, es necesario que realicemos el manejo de la fertilidad del suelo para que prevenga alta mortalidad y mantenga el crecimiento.

6. No quiero recomendar la deforestación

Como conclusión, es necesario el tiempo y costo para la deforestación y actualmente gestión de pérdidas. Por eso, se recomienda la plantación de árboles y la producción agropecuaria, simultáneamente. Es un sistema agroforestal y/o silvopastoril, el autor explica los resultados representativos obtenidos en un suelo Ultisol e Inceptisol de Panamá.

Referencias

1) CATIE. 1992. Mangium (*Acacia mangium*). Especies de árbol de uso múltiple en América Central. Informe Técnico N° 196.

2) Medina P. A. E. 2011. Incidencia de la fertilización fosfatada en la formación de nódulo en cultivo de poroto, variedad San Francisco'I. 74p (Tesina de la Facultad de Ciencias Agropecuarias y Desarrollo Rural, Universidad Nacional de Pilar, Paraguay).

3) National Institute for Space Research (INPE) (2005). The INPE deforestation figures for Brazil were cited on the WWF Websitein April 2006.

4) Sánchez, P. A. y Salinas, J. G. 1983. Suelos Ácidos. Estrategias para su manejo con bajos insumos en América Tropical. Sociedad Colombiana de las Ciencias del Suelo. Bogotá, Colombia. 32-33.

5) Sanchez, P. A. 1995. Science in Agroforestry. Agroforestry Systems 30: 5-55, 1995. Kluwer Academic Publisher.

6) Tomita, K. 2013. Dinámica de una plantación de Teca (*Tectona grandis*) (Segunda parte). Revista de información y asistencia técnica. Encarnación, Paraguay. El Productor. **Abril**: 66-69.

7) Tomita, K. 2013. Dinámica de una plantación de Teca (*Tectona grandis*) (Primera parte). Revista de información y asistencia técnica. Encarnación, Paraguay. El Productor. **Marzo**: 61-64.

8) Tomita, K. 2015. Evaluación de producción maderables para los 3 árboles en un suelo ácido e infértil en Panamá. Revista de información y asistencia técnica. Encarnación, Paraguay. El Productor. Marzo: 10-19.

9) Ugalde, L.A., B. Morán. y R. Osorio. 1994. Crecimiento y rendimiento de *Acacia mangium* en plantaciones jóvenes en América Central y Panamá. En: Seminario técnico sobre comportamiento y potencial de A. mangium en América Central y Panamá. CATIE, Turrialba Costa Rica.

4. Producción pecuaria con sistema silvopastoril

1. Introducción

Entonces, el autor se dedicó a la investigación sobre la producción pecuaria con conservación medio ambiental en el suelo Ultisol, Panamá. En esta ocasión, el autor dedicó el artículo en español para difusiones a los estudiantes de los países de América Latina que estudian manejo integral de la fertilidad del suelo.

Porque se puede aplicar a experiencia obtenida en el suelo Ultisol en la región donde se ocupa suelos Oxisoles en el Brasil. Relativamente, es difícil de manejar el suelo Ultisol (Principalmente, Caolinita) que el suelo Oxisol (Principalmente, Sesquióxido), teniendo en cuenta la diferencia en las características minerales arcillosas.

Actualmente, es muy importante que establezca la producción agropecuaria sustentable para que prevenga desarrollo de corte de árboles y quema en la región de bosques primarios y secundarios y la educación.

La Foto N°3-4-1 muestra corte de árboles para realizar la producción pecuaria convencional por campesinos en la frontera de la provincia de Coclé y de Colón en el Panamá. El autor observó la condición de corte de árboles en la misma región.

Foto N°3-4-1. Condición de desmonte para explotación pecuaria convencional en la frontera entre las provincias de Coclé y Colón, Panamá, 2007.

La Figura N°3-4-1 muestra la dinámica de carga animal en cada provincia y de tierra explotada por la introducción de ganados criados para realizar la producción convencional y abandonada en el Panamá con el tiempo.

Después de cortar árboles primarios y/o secundarios, por la continuación de la producción pecuaria convencional, disminuyó carga animal en cada provincia. Se considera desaparecer la fertilidad del suelo con el tiempo y no puede hacer la producción convencional en el mismo campo. Se realiza explotar nueva tierra para continuar la producción convencional, cortándose árboles primarios y/o secundarios. Después de mover los ganados criados desde vieja tierra hasta el nuevo, aumenta no sólo la nueva tierra sino también la tierra abandonada con el tiempo y simultáneamente. Todavía tiene problema para los países de América Latina.

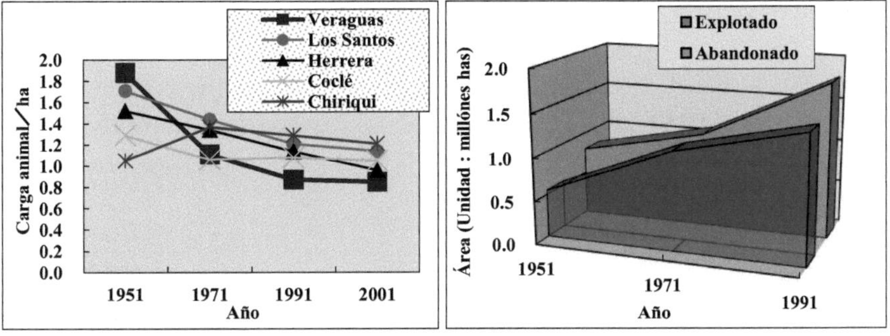

Figura Nº3-4-1. Dinámica de Carga animal/ha y tierra abandonada y explotada

Fuente: Estadística y Censo, 1951-2003

2. Materiales y Métodos

1). Análisis de suelo y de tejido vegetal

Se analizó la propiedad física y química del suelo en el área silvopastoril y pecuaria y tejido vegetal para los pastos utilizados de acuerdo con metodología para análisis descrito por Díaz, Romeu y Hunter (1978) en el año 2002.

Foto Nº3-4-2. Sistema silvopastoril por la Humidicola asociada con Mangium en la finca experimental de Calabacito, Veraguas, 2000

2). Introducción de Mangium, Humidicola y Maní forrajero

Se plantó Mangium (*Acacia mangium*) en el año 1994 y se evaluó la dinámica de altura y diámetro en la altura de pecho (DAP) en cada año hasta el año 2000. E igualmente, se preparó el área silvopastoril bajo condición de introducción de Humidicola (*Brachiaria humidicola*) (**Variedad CIAT 679**). (ver la Foto N°3-4-2).

Además, se introdujeron mismo pasto gramíneo y Maní forrajero perenne (*Arachis pintoi*) (**Variedad CIAT 18744**) en el sistema. Y se prepararon la parcela de Humidicola asociada con Maní en comparación con la parcela del monocultivo de Humidicola (ver la Foto N°3-4-3).

Foto N°3-4-3. Cultivo Humidicola, Maní, los cultivos mesclados en la estación seca y ganados criados en la estación lluviosa en la finca experimental de Calabacito, Veraguas, 2000

Totalmente se evaluaron la dinámica de rendimiento fresco y seco, humedad, contenido de los macros nutrientes en el área silvopastoril y pecuaria. También, se evaluó la dinámica de los nutrientes y peso vivo para ganados criados en el año 2001.

3). Aplicación

Se aplicaron 91kg/ha de Carbonato de calcio (88% de $CaCO_3$), 91kg/ha de Superfosfato triple (46% de P_2O_5) y 68kg/ha de Sulfomag (22%, 16% y 22% de K_2O, Mg e S, respectivamente) en la finca experimental en el año 1998.

4). Producción de carne

Se hicieron la medida de producción de carne [(kg/animal/día) y (kg/ha/año)] de acuerdo con el sistema del IDIAP en el año 1999 para evaluar el cultivo de pasto gramíneo asociado con el pasto leguminoso en comparación con el monocultivo del o pasto gramíneo y justificar la producción pecuaria como conservación medio ambiental con sistema silvopastoril para que prevenga desmonte de cortar árboles y quema en el bosque primario y secundario por campesinos (ver la Foto Nº3-4-4).

Foto Nº3-4-4. Medición de peso vivo de cada ganado criado, 2005 y 2002

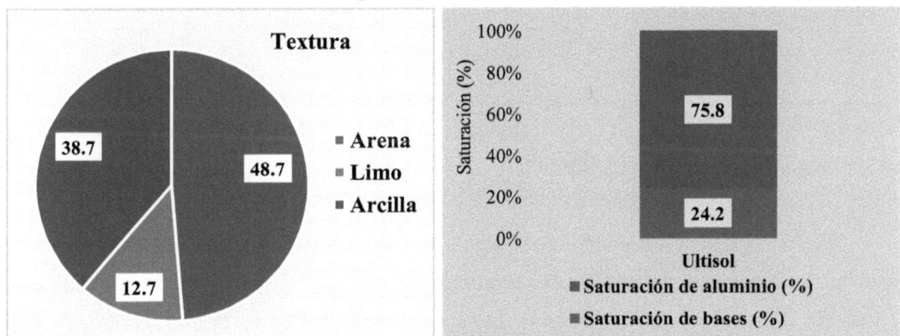

Figura Nº3-4-2. Resultados promedios de la Propiedad física y química del suelo Ultisol en el área silvopastoril y pecuaria

Suma de bases ($cmol_c$/kg) = K + Ca + Mg intercambiable

Saturación de aluminio (%) = Al intercambiable / CICe por 100

Saturación de bases (%) = Suma de bases intercambiables / CICe por 100

3. Resultados y Discusión

1). Análisis del suelo antes de la aplicación y siembra

La Figura N°3-4-2 muestra los resultados promedios da textura y saturación en el área experimentada. Para los valores de pH, P disponible, K, Ca, Mg y Al intercambiable, CICe (Capacidad de Intercambio Catiónico efectiva) y materia orgánica, fueron de 4,11, 1,00, 0,59, 0,21, 0,086, 2,80, 3,48 y 3,69, respectivamente.

Actualmente, se consideró suelo arcilloso por 38,7% de arcilla y se observó alto contenido de saturación de aluminio. Es suelo muy ácido arcilloso y está difícil de realizar a producción agropecuaria sustentable.

2). Dinámica de rendimiento seco y humedad en los pastos

La Figura N°3-4-3 muestra la dinámica de rendimiento seco y humedad para los pastos utilizados en el sistema silvopastoril en el año 2001.

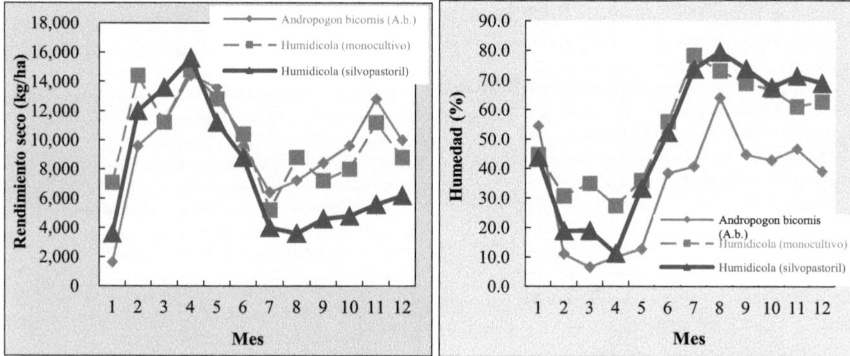

Figura N°3-4-3. Dinámica del rendimiento seco y humedad en cada pasto bajo condición del sistema silvopastoril en el año 2001

En la región desde enero hasta abril, es estación seca, para la estación lluviosa, desde mayo hasta diciembre. Para el rendimiento seco, se observó alta producción seca dentro de la estación seca, teniendo en cuenta menos lluvia, por el contrario, baja producción seca dentro de la estación lluviosa. Se consideró alto contenido del agua para los pastos gramíneos por la lluviosa. Para humedad (%), se observó bajo valor en la estación seca, mientras que, para la estación lluviosa, alto porcentaje en los pastos, respectivamente.

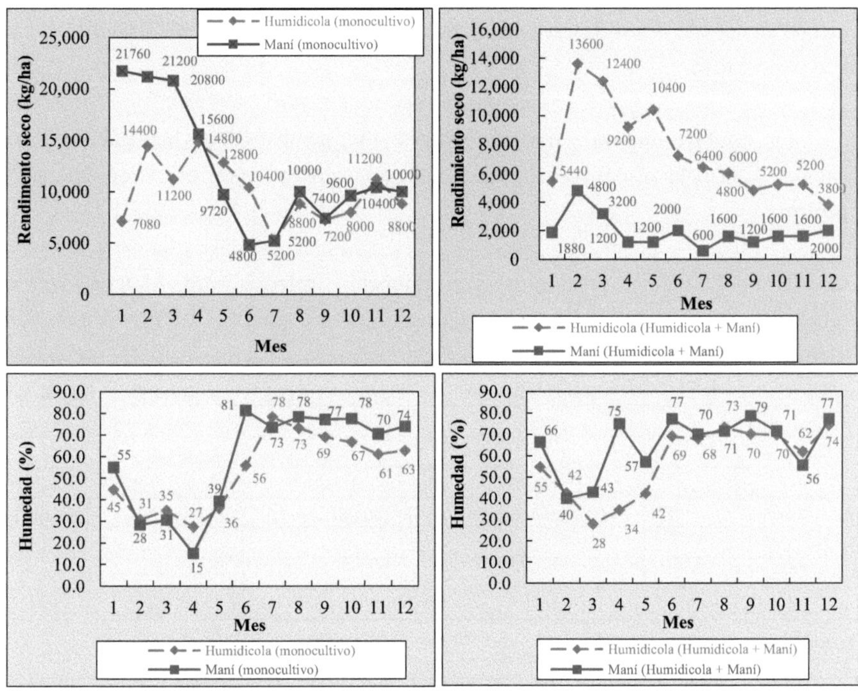

Figura Nº3-4-4. Dinámica del rendimiento seco y humedad en la Humidicola, Maní y los cultivos mezclados en el año 2001

A continuación, la Figura Nº3-4-4 muestra la dinámica de rendimiento seco y humedad para los pastos utilizados bajo condición entre el monocultivo del pasto gramíneo y el cultivo asociado en el año 2001. Actualmente, se observó misma tendencia con los pastos bajo condición del sistema silvopastoril para el monocultivo del pasto gramíneo y el cultivo asociado con el maní forrajero.

3). Comparación de los resultados obtenidos en cada estación

La Tabla Nº3-4-1 muestra valores promedios de rendimiento fresco y seco, Materia seca y Humedad en los pastos en cada estación, respectivamente. Relativamente, para los rendimientos frescos en la estación lluviosa, fue más alto que los frescos en la estación seca no sólo en el sistema silvopastoril sino también en el monocultivo del pasto gramíneo y el pasto asociado con el maní con excepción del maní asociado. Se consideró alta competición para el maní por alta crecimiento de la Humidicola en la estación lluviosa. Por el contrario, para los rendimientos secos, se observó la tendencia opuesta, teniendo en cuenta menos lluvia, relativamente con excepción del *Andropogon bicornis* como pasto nativo.

En cambio, relativamente, se observó alto porcentaje de humedad y bajo contenido de la materia seca para los pastos en la estación lluviosa en el área silvopastoril y pecuaria.

Tabla N°3-4-1. Valores promedios de rendimiento fresco y seco, Materia seca y Humedad en los pastos en cada estación

Sistema silvopastoril

Estación seca	Rendimiento fresco (kg/ha)	Rendimiento seco (kg/ha)	Materia seca (%)	Humedad (%)
Andropogon bicornis (A.b.)	10600	9210	79.4	20.6
Humidicola (monocultivo)	17800	11870	65.6	34.4
Humidicola (silvopastoril)	13900	11200	76.7	23.3
Estación lluviosa	Rendimiento fresco (kg/ha)	Rendimiento seco (kg/ha)	Materia seca (%)	Humedad (%)
Andropogon bicornis (A.b.)	16800	9700	58.8	41.2
Humidicola (monocultivo)	25000	9050	37.1	62.9
Humidicola (silvopastoril)	17500	6100	34.9	65.1

Humidicola asociada con Maní

Estación seca	Rendimiento fresco (kg/ha)	Rendimiento seco (kg/ha)	Materia seca (%)	Humedad (%)
Humidicola + Maní				
Humidicola (Humidicola + Maní)	16700	10160	60.2	39.8
Maní (Humidicola + Maní)	6000	2770	43.9	56.1
Humidicola (monocultivo)	17800	11870	65.6	34.4
Maní (monocultivo)	31600	19840	67.7	32.3
Estación lluviosa	Rendimiento fresco (kg/ha)	Rendimiento seco (kg/ha)	Materia seca (%)	Humedad (%)
Humidicola + Maní				
Humidicola (Humidicola + Maní)	18150	6125	34.0	66.0
Maní (Humidicola + Maní)	5350	1475	30.2	69.8
Humidicola (monocultivo)	25000	9050	37.1	62.9
Maní (monocultivo)	32045	8390	28.6	71.4

La Tabla N°3-4-2 muestra valores promedios de contenido de proteína bruta y macros elementos en los pastos en cada estación, respectivamente. Para la proteína bruta (=valor nitrogenado por 6,25 como coeficiente proteico), P y K en los pastos, se observó más alto contenido en la estación lluviosa que los contenidos en la estación seca, relativamente en el área silvopastoril y pecuaria. Pero, para K, obtuvo alto contenido en la Humidicola (monocultivo) no sólo en el sistema silvopastoril sino también en la asociación en la estación seca que los contenidos en la estación lluviosa. Se consideró alta crecimiento vigoroso para el monocultivo de la Humidicola en la estación lluviosa y efecto diluido para contenido potásico.

Además, para contenido cálcico y magnésico, se observó la tendencia opuesta la diferencia de la proteína bruta, P y K, y más alto contenido en la estación seca que los contenidos en la estación lluviosa en el Maní en el cultivo asociado. Se considera efecto diluido para dos elementos en el cuerpo vegetal.

Tabla Nº3-4-2. Valores promedios de contenido de proteína bruta y macros elementos en los pastos en cada estación

Sistema silvopastoril

Estación seca	Proteína bruta (%)	P (%)	K (%)	Ca (%)	Mg (%)
Andropogon bicornis (A.b.)	2.55	0.02	0.62	0.14	0.13
Humidicola (monocultivo)	2.75	0.09	0.77	0.11	0.17
Humidicola (silvopastoril)	2.64	0.05	0.96	0.11	0.12
Mangium (A.m.)	9.70	0.11	1.04	0.51	0.21
Estación lluviosa	Proteína bruta (%)	P (%)	K (%)	Ca (%)	Mg (%)
Andropogon bicornis (A.b.)	3.28	0.05	1.09	0.12	0.09
Humidicola (monocultivo)	3.20	0.12	0.66	0.14	0.16
Humidicola (silvopastoril)	4.57	0.11	1.06	0.13	0.13
Mangium (A.m.)	12.3	0.12	1.24	0.46	0.20

Humidicola asociada con Maní

Estación seca	Proteína bruta (%)	P (%)	K (%)	Ca (%)	Mg (%)
Humidicola + Maní					
Humidicola (Humidicola + Maní)	3.53	0.05	0.85	0.11	0.16
Maní (Humidicola + Maní)	10.7	0.09	1.85	0.89	1.22
Humidicola (monocultivo)	2.75	0.09	0.77	0.11	0.17
Maní (monocultivo)	13.2	0.16	1.23	0.88	1.32
Estación lluviosa	Proteína bruta (%)	P (%)	K (%)	Ca (%)	Mg (%)
Humidicola + Maní					
Humidicola (Humidicola + Maní)	3.55	0.07	1.16	0.14	0.14
Maní (Humidicola + Maní)	13.6	0.13	2.34	0.77	0.97
Humidicola (monocultivo)	3.20	0.12	0.66	0.14	0.16
Maní (monocultivo)	15.7	0.25	1.59	0.89	1.00

Totalmente, se observó más alto valor proteico en la planta leguminosa tal como Mangium y Maní forrajero que el valor en la planta gramínea y se puede utilizar como árbol abonado para Mangium y como banco proteico para Maní forrajero con proteger materia del suelo cultivado con los pastos con alta fijación nitrogenada al aire. Además, relativamente se observó más altos contenidos para los macros elementos en la planta leguminosa tal como hoja de Mangium y Maní que los contenidos en el pasto gramíneo, se espera ofrecer alta nutrición a ganados criados.

4). Rendimiento y cantidad absorbida de macronutrimentos por hectárea de Humidicola y de Maní en cada parcela

4)-1. La cantidad absorbida de N

Según los resultados Maní fue un pasto nutricionalmente muy rico en comparación con Humidicola. Pero la práctica de pastoreo a largo plazo con Maní, tiene un problema para las vacas, ya que fue un pasto leguminoso y tenía alto contenido de N. Se ocurre una duda que la práctica de largo plazo de ganado en el campo de Humidicola asociada con Maní, puede usarse o no ya que Maní tenía alto contenido de N en mismo campo.

En segundo, se muestra el contenido de N en cada mes de Humidicola monocultivo y Humidicola asociada con Maní en la Figura N°3-4-5. Es muy importante que se observe que el contenido de Humidicola era más alto que el de Maní en el tratamiento de Humidicola asociada con Maní.

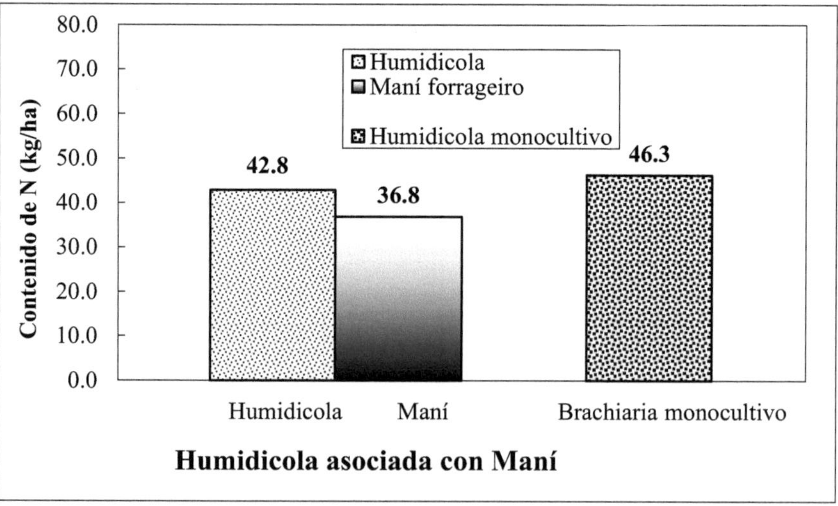

Figura N°3-4-5. Contenido de N de Humidicola monocultivo y Humidicola asociada con Maní. (Los valores son de promedio de enero a diciembre de 2001).

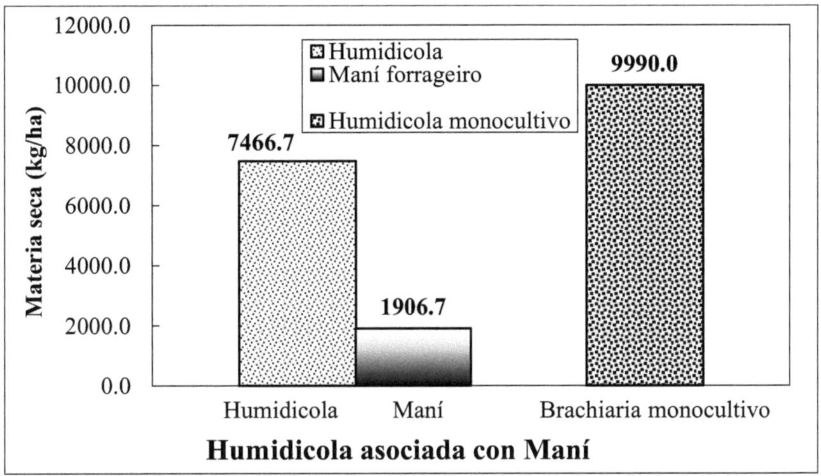

Figura N°3-4-6. Materia seca de Humidicola monocultivo y Humidicola asociada con Maní (Los valores son de promedio de enero a diciembre de 2001).

4)-2. El rendimiento seco de pastos

Se considera que el rendimiento de Humidicola y Maní fue de 7467kg/ha y 1907kg/ha (los valores fueron del promedio de enero a diciembre de 2001), respectivamente en Humidicola asociada con Maní (Ver la Figura N°3-4-6). Por lo tanto, se observó que Humidicola y Maní no vivían con igualdad, el crecimiento de Humidicola era más fuerte que el de Maní en mismo tratamiento, claramente.

Por eso, hay preocupación que se conservará la desaparición de Maní por el crecimiento fuerte de Humidicola.

Entonces, tendremos que sembrar Maní, nuevamente. Como una estrategia real, se practica el mejoramiento nutricional para vacas por la administración periódica de una rotación entre el tratamiento de Humidicola monocultivo y el de Maní solo. Aún, se observó que el rendimiento de Humidicola era de 9990kg/ha en el tratamiento de Humidicola monocultivo.

4)-3. La cantidad absorbida de P (kg/ha)

De la Figura N°3-4-7 a la Figura N°3-4-10, se muestra la cantidad absorbida de P, K, Ca y Mg en cada mes de Humidicola y Humidicola asociada con Maní, respectivamente.

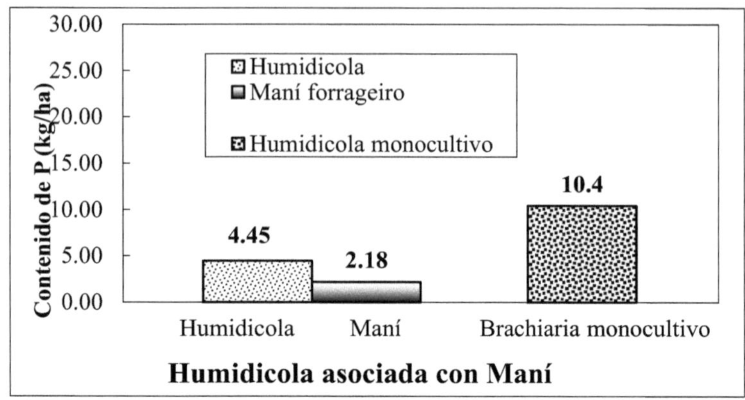

Figura Nº3-4-7. Cantidad absorbida de P en cada mes de Humidicola y Humidicola asociada con Maní (Los valores son de promedio de enero a diciembre de 2001).

Se observó que la cantidad por hectárea de P de Humidicola era más alta que la de Maní en Humidicola asociada con Maní (Ver la Figura Nº3-4-7). Se considera que la cantidad de Maní se deprimió por la competición con Humidicola.

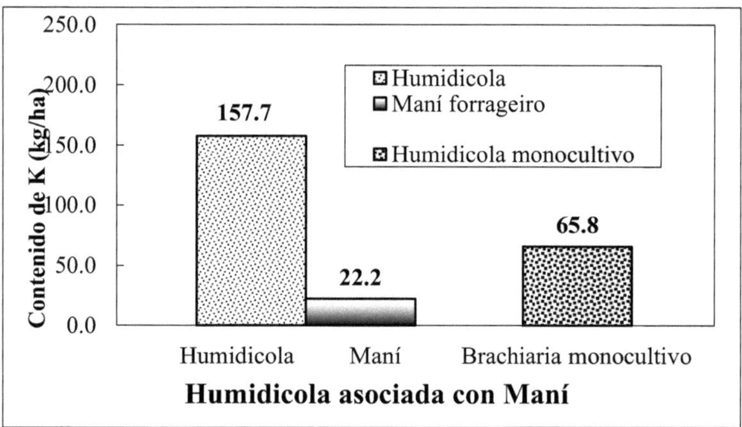

Figura Nº3-4-8. Cantidad absorbida de K en cada mes de Humidicola y Humidicola asociada con Maní (Los valores son de promedio de enero a diciembre de 2001).

4)-4. La cantidad absorbida de K (kg/ha)

Pero al asociar con Maní, se observó que la cantidad de K de Humidicola en Humidicola asociada con Maní era más alta que la cantidad en Humidicola monocultivo. Se considera que la cantidad de Humidicola funcionó, favorablemente, por la asociación con Maní (Ver la Figura N°3-4-8).

4)-5. La cantidad absorbida de Ca y de Mg (kg/ha)

En segundo, relativamente, se observó que la cantidad de Ca y Mg de Maní era más alta que la de Humidicola ya que fue alto contenido de los elementos en Maní, mientras que, el rendimiento de Maní fue uno por cuatro del rendimiento de Humidicola (Ver las Figuras N°3-4-9 y N°3-4-10).

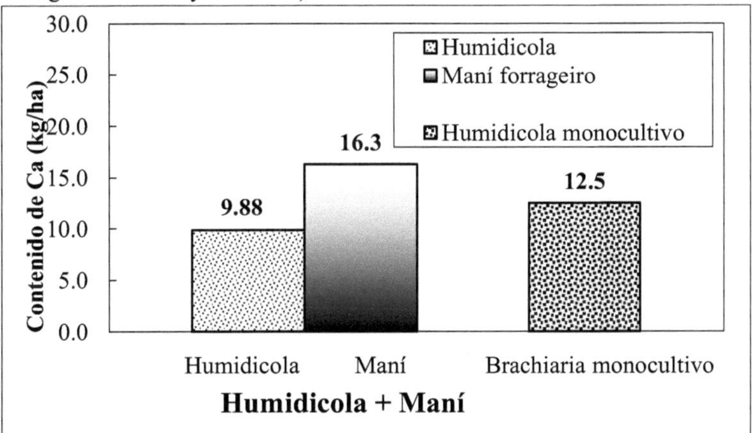

Figura N°3-4-9. Cantidad absorbida de Ca en cada mes de Humidicola y Humidicola asociada con Maní (Los valores son de promedio de enero a diciembre de 2001).

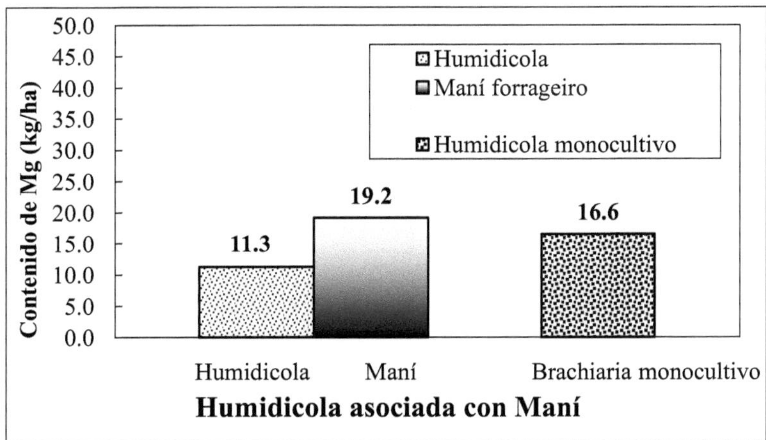

Figura N°3-4-10. Cantidad absorbida de Mg en cada mes de Humidicola y Humidicola asociada con Maní (Los valores son de promedio de enero a diciembre de 2001).

En cualquier caso, Humidicola asociada con Maní es el ambiente favorable para cría de vaca, puede practicarse a largo plazo de la administración en comparación con Maní solo, y se considera que ha preparado el factor que puede contribuir a no sólo la producción de carne de calidad sino también el aumento y/o el mantenimiento de la fertilidad de suelos por incorporación del excremento de vacas.

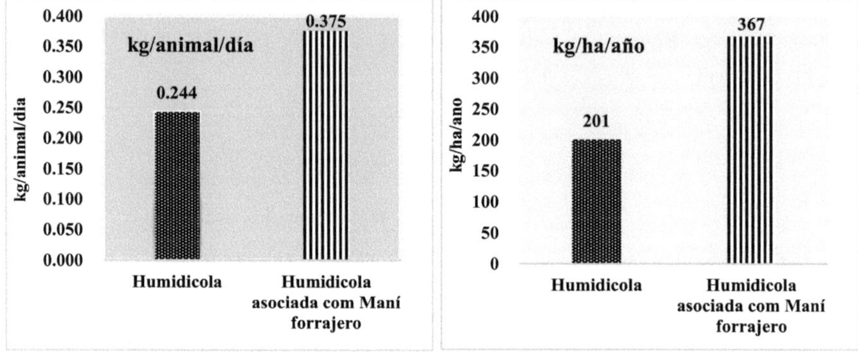

Figura Nº3-4-11. Comparación de peso vivo entre el monocultivo y la asociación

Nota:

En el monocultivo de Humidicola, la carga animal/ha fue de 2,62 y 1,55 durante la estación lluviosa y la estación seca, respectivamente.

En el cultivo asociado con el Maní, la carga animal/ha fue de 2,98 e 2,10 durante la estación lluviosa y la estación seca, respectivamente.

(Fuente: IDIAP y Tomita, 1998)

5). Evaluación de peso vivo para ganados criados entre Humidicola monocultivo y Humidicola asociada con Maní forrajero

Además, la Figura Nº3-4-11 muestra la comparación de peso vivo entre el monocultivo y la asociación. Por la introducción del Maní forrajero con alta fijación nitrogenada, se observó más altos valores para peso vivo que los valores en el monocultivo. Con el sistema silvopastoril, es muy importante que introduzca plantas leguminosas y establezca la producción pecuaria sustentable con conservación medio ambiental para que prevenga cortar árboles y quema en la región de bosque primario y secundario, y la educación.

De todos modos, para estos resultados en Panamá, se podrá aplicar en la región de Llanos Orientales en Colombia y Venezuela, de Amazonas en Colombia, Ecuador y Brasil… y de Cerrado en Brasil…etc.

4. Conclusiones

1. Se consideró suelo arcilloso por 38,7% de arcilla y se observó alto contenido de saturación de aluminio. Es suelo muy ácido arcilloso y está difícil de realizar la producción agropecuaria sustentable en un suelo Ultisol del Panamá.

2. Mangium se pudo adecuar en el suelo Ultisol con alta tolerancia ácida y el crecimiento fue muy rápido. Para la altura, se logró hasta cerca de 10m durante los 6 años.

3. Para el rendimiento seco, se observó alta producción seca dentro de la estación seca, teniendo en cuenta menos lluvia, por el contrario, baja producción seca dentro de la estación lluviosa por alto contenido de agua absorbida.

4. Relativamente, para los rendimientos en la estación lluviosa, fue más alto que los secos en la estación seca no sólo en el sistema silvopastoril sino también en el monocultivo del pasto gramíneo y el pasto asociado con el maní, por el contrario, para los rendimientos secos, se observó la tendencia opuesta, teniendo en cuenta manos lluvia.

5. Para la proteína bruta, P y K en los pastos, se observó más alto contenido en la estación lluviosa que los contenidos en la estación seca, relativamente en el área silvopastoril y pecuaria.

6. Totalmente, se observó más alto contenido proteico en la planta leguminosa tal como Mangium y Maní forrajero que el valor en la planta gramínea y se puede utilizar como árbol abonado para Mangium y como banco proteico para Maní forrajero con proteger materia y/o mantener la fertilidad del suelo.

7. En el cultivo asociado, el Maní fue menor producción que el valor gramíneo en el cultivo asociado. La diferencia de la materia seca, se observó más alto valor nutritivo para el Maní que el valor nutritivo para la Humidicola en el mismo cultivo.

8. Al comparar con el monocultivo, relativamente fue alto valor nutritivo en el cultivo asociado por la introducción del Maní forrajero que el monocultivo.

9. Por la introducción del Maní forrajero con alta fijación nitrogenada, se observó más altos valores para peso vivo que los valores en el monocultivo.

10. Se puede aplicar la experiencia obtenida en el suelo Ultisol en el Panamá en la región donde se ocupa suelos Oxisoles en el Brasil. Relativamente, es difícil de manejar el suelo Ultisol (Principalmente, Caolinita) que el suelo Oxisol (Principalmente, Sesquióxido), teniendo en cuenta la diferencia en las características minerales arcillosas.

11. Es muy importante que establezca la producción agropecuaria sustentable para que prevenga desarrollo de corte de árboles y quema en la región de bosques primarios y

secundarios, y la educación.

12. De todos modos, para estos resultados en Panamá, se podrá aplicar en la región de Llanos Orientales en Colombia y Venezuela, de Amazonas en Colombia, Ecuador y Brasil… y de Cerrado en Brasil…etc.

5. Agradecimiento

Anteriormente, el autor pudo realizar la investigación agropecuaria en la finca experimental de Calabacito con los compañeros del IDIAP para establecer la producción sustentable con bajos insumos en el suelo ácido rojo tal como Ultisol en el Panamá. Entonces, los compañeros panameños ayudaron a través de estudiar o investigar. Les Agradece a los compañeros.

Referencias

1) Avila, M y U, Pasto. 1989. *Brachiaria humidicola* CIAT 679 (Rendle), Una alternativa para los suelos Baja Fertilidad y Áreas de prolongada sequía. Plegable IDIAP. 6 p.

2) Bolívar, D., M. Ibrahim., D. Kass, F. Jiménez y J. C. Camargo. 1999. Productividad y calidad forrajera de *Brachiaria humidicola* en monocultivo y en asocio con *Acacia mangium* en un suelo ácido en el trópico húmedo, Agroforestería en las Américas, CATIE Turrialba, Costa Rica, **23** (6): 48-50.

3) Bolívar, P y J. Aguilar. 1997. Maní forrajero *Arachis pintoi*, IDIAP, Gualaca, Panamá. 5 p.

4) Botero, R. B. y Valencia. C. A. 1983. Manejo de la sabana nativa en los Llanos Orientales de Colombia y Venezuela. Centro Internacional de Agricultura Tropical (CIAT). Cali, Colombia. 30 p.

5) Briceño, J. A. y P. Rolando. 1984. Métodos analíticos para el estudio de suelos y plantas. Editorial de la Universidad de Costa Rica. San José. Costa Rica. 152 p.

6) Contraloría General de la República de Panamá. 1991. Dirección de Estadística y Censo. Panamá en Cifras, años 1980-1990. Ciudad de Panamá, Panamá. pp. 438.

7) Contraloría General de la República de Panamá. 1999. Dirección de Estadística y Censo. Panamá en Cifras, años 1994-1998. Ciudad de Panamá, Panamá. pp. 272.

8) Contraloría General de la República de Panamá. 2001. Dirección de Estadística y Censo. Panamá en Cifras, años 1996-2000. Ciudad de Panamá, Panamá. pp. 304.

9) Contraloría General de la República de Panamá. 2004. Dirección de Estadística y Censo. Panamá en Cifras, años 1999-2003. Ciudad de Panamá, Panamá. pp. 264.

10) Tomita, K., J. Villarreal y B. Name. 2004. Productividad y calidad forrajera de *Arachis pintoi* en mono cultivo y en asocio con *Brachiaria humidicola*, de *Brachiaria humidicola* en mono cultivo y en asocio con *Acacia mangium* y *Arachis pintoi*, y de *Andropogon bicornis* en mono cultivo en suelo Ultisol en el trópico húmedo de Panamá. Sociedad Colombiana de la Ciencia del Suelo. Bogotá, Colombia. Suelos Ecuatoriales. Vol. **34** (1): 9-11.

11) Tomita, K. y J. Villarreal. 2011. Dinámica del suelo en Plantaciones de Acacia (*Acacia mangium*) asociadas al Pasto Brachiaria (*Brachiaria humidicola*) en un Ultisol de Panamá. Revista La Rural. Asociación Rural del Paraguay. [Sanidad Animal Fortalecida]. Vol. **264** (2): 223-229.

12) Tomita, K. y J. Villarreal. 2011. Estimación de producción de carne, fertilidad del suelo y valor nutritivo de pastos utilizados por Brachiaria (*Brachiaria humidicola*) sola y *Brachiaria humidicola* asociada con Arachis (*Arachis pintoi*) en suelos ácidos Ultisoles, Panamá. Revista La Rural. Asociación Rural del P

13) Tomita, K. 2024. Estabelecimento da produção pecuária sustentável com sistema silvipastoril num solo ácido tal como Ultissolo e Oxissolo. Brazilian Journal of Animal and Environmental Research (BJAER). 7 (1). 404-416.

5. Efecto de la cal y fosfato (Superfosfato triple) en el cultivo de arroz de secano

1. Introducción

Como primer paso, es necesario que sepa la característica física y química del suelo Ultisol y el porciento de la donación en el Panamá (Fue de alrededor de 40%). Por supuesto, es muy importante que escoja las variedades (arroz y frijol) que tiene tolerancia a la acidez en el suelo.

Básicamente, es necesario que realice la corrección de la acidez y/o Al intercambiable y aumentar la fertilidad fosfatada, teniendo en cuenta la alta capacidad de fijación fosfatada en el suelo Ultisol y Oxisol.

El autor les muestra a lectores varios tipos del experimento en el campo con diferentes niveles de la cal y fosfato con las variedades que tienen tolerancia a la acidez y Al intercambiable en el suelo ácido, dependiendo la lluvia natral durante la estación lluviosa.

2. Planificación de cultivos durante los dos años

1). Diseño experimental

Se evaluaron 5 tratamientos de Super Fosfato Triple (SFT) y tres niveles de cal. Como diseño experimental, se utilizó la parcela dividida distribuida en bloques al azar con 3 réplicas. Las parcelas principales fueron los tratamientos de cal y los tratamientos de P_2O_5 las subparcelas.

Los tratamientos de cal se colocaron en parcelas de 1500 m^2 (30m x 50m) y los niveles de P_2O_5 en parcelas de 100m^2 (10m x 10m), mientras que como parcela efectiva para registrar la producción por superficie se utilizó un área de 12 m^2 (3m x 4m). La variedad utilizada fue la Panamá 1048 (Figura N°3-5-1).

2). Manejo del ensayo

En el primer año de producción de arroz (1992) se incorporó la cal 15 días antes de la siembra. La siembra se realizó a chuzo (banda) a una distancia de 20 cm entre hileras y una densidad de 134 kg/ha. Se utilizó el SFT como fuente de P_2O_5. Las dosis de P_2O_5 se aplicaron en banda al momento de la siembra, al igual que una dosis a base de K_2O (50 kg/ha), mientras que el N (120 kg/ha) se distribuyó en tres partes: al momento de la siembra; a los 30 y 60 días de sembrado.

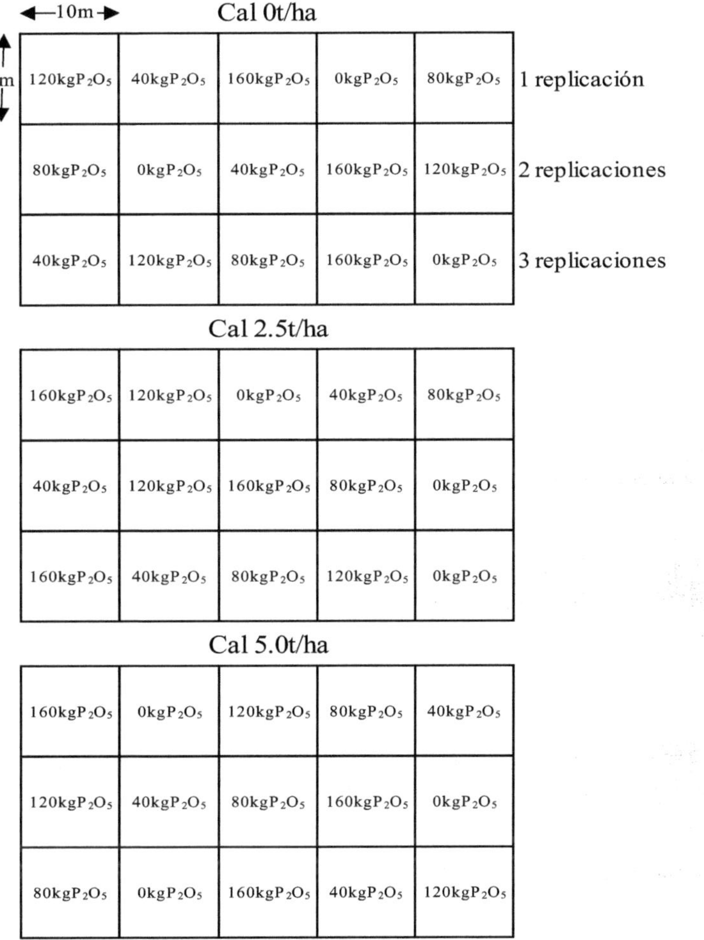

Figura Nº3-5-1. Diseño del experimento de niveles de fósforo en banda combinado con cada nivel de la aplicación de la cal.

Durante el segundo año (1993) no se aplicó cal ni P_2O_5, con el fin de conocer el efecto residual de ambos nutrientes. Se efectuaron aplicaciones de K_2O y de N con las mismas dosis del primer año. El sistema de siembra fue semejante al primer año y bajo la misma densidad.

3). Control de enfermedad y plaga

El control de malezas fue manual a los 30 y 60 días de sembrado. Para el control de insectos se utilizó Malathione a razón de 1 L/ha, mientras que para la prevención de enfermedades se utilizó Dithane M-45 (Maneb) a razón de 1 kg/ha, para prevenir enfermedades fungosas y Bim (Triciclazol) 150g/ha para proteger la espiga del ataque de Piricularia (*Piricularia oryzae*).

4). Análisis de suelo

Para la caracterización física-química del suelo, se tomaron muestras de 0-20 cm de profundidad en cada tratamiento, antes de la siembra y después de la siembra (75 días), durante cada año. A cada muestra se le hicieron análisis de pH, materia orgánica, bases cambiables y textura, según metodología para análisis descrito por Díaz, Romeo y Hunter (1978). La extracción de P y K se efectuó con la solución de Mehlich No1 (0.05M HCl + 0.0125M H_2SO_4) (suelo : agua = 1:10).

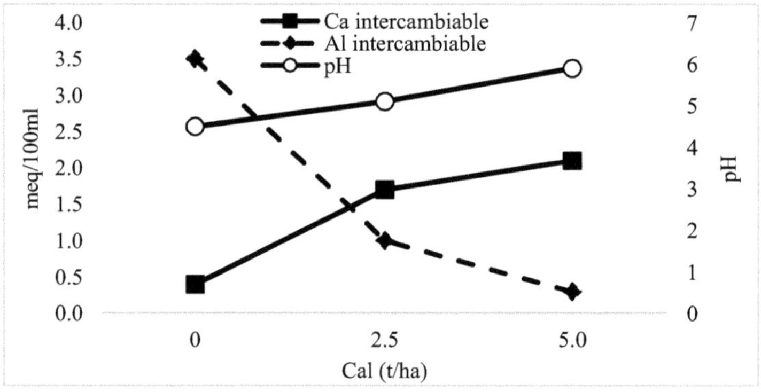

Figura N°3-5-2. Cambio de la propiedad química del suelo por efecto de la cal un mes después de la aplicación.

3. Resultados y Discusión

1). Cambio de pH, Ca y Al en el suelo después de 30 días de la siembra

Después de 30 días de la siembra, se observó que con aplicación de 5.0 t de cal/ha los valores excepto el Al intercambiable aumentaron significativamente con relación a 2.5 y 0 t de cal/ha (Figura N°3-5-2). Sin embargo, el Al disminuyó por efecto de la cal aplicada.

3). Condición del cultivo de arroz de secano en el suelo Ultisol

Las Fotos N°3-5-1 y N°3-5-2 muestran las fotos del cultivo de arroz de secano en la Finca Experimental de Calabacito en la Provincia de Veraguas. Actualmente, se pudo esperar alto crecimiento para la variedad Panamá-1048 con alta tolerancia del Al intercambiable en el suelo ácido por la enmienda química.

Foto N°3-5-1. Condición del cultivo de arroz en la Finca experimental de Calabacito en la Provincia de Veraguas en Panamá, 1992.

Foto N°3-5-2. Condición del cultivo de arroz en la Finca experimental de Calabacito en la Provincia de Veraguas en Panamá, 1992.

4). Evaluación de efecto residual para la aplicación inicial de la cal y fosfato en el primer año

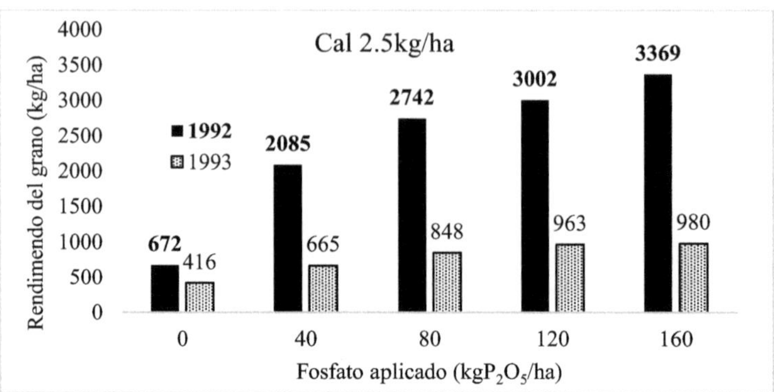

Figura N°3-5-3. Rendimiento del grano de dos consecutivos del cultivo de arroz de secano en los niveles de fósforo aplicado en banda combinada con 2.5t/ha de la cal al cultivo inicial. (La Variedad utilizada: Panamá 1048).

La Figura N°3-5-3 muestra la comparación del rendimiento del grano con la aplicación de 2.5t/ha de la cal y diferentes niveles del P_2O_5 entre los dos años. Actualmente, se pudo esperar alto rendimiento de acuerdo con la aplicación fosfatada bajo condición de 2.5t/ha y 5.0t/ha de la cal aplicada en el primer año. Pero, para el efecto, se disminuyó con el tiempo y se observó muy bajo rendimiento, teniendo en cuenta alta capacidad de la fijación del P y alto contenido del Al intercambiable en el suelo.

Por eso, para manejo de la fertilidad del suelo Ultisol con alto contenido del Al intercambiable y alta capacidad de fijación del P, es necesario que establezca el método alternativo en vez de los materiales mencionados en la producción arrozal sustentable con bajos insumos. Por eso, como aplicación económica de la cal, se determinó 2.5t/ha.

4. Conclusiones

1. Durante el primer año antes de la siembra, el contenido de pH 4.5 a un pH por encima de 5 pero menor a 5.5 en la aplicación de 2.5t de la cal/ha.

2. Durante el primer año de producción se aumentaron los rendimientos de arroz por encima de 3000 kg/ha, con las dosis de 120 y 160 kg de P_2O_5, mientras que, en el año 1993, donde no se aplicaron las dosis de P_2O_5, los rendimientos fueron menores.

3. Teniendo en cuenta alto costo para insumo cálcico y fosfatada y bajo precio vendido de arroz cosechas, fue superávit en el tratamiento con 2.5t/ha de la cal combinada

con 160kgP$_2$O$_5$/ha en el primer año.

4. Para manejo de la fertilidad del suelo Ultisol con alto contenido del Al intercambiable y alta capacidad de fijación del P, es necesario que establezca el método alternativo en vez de los materiales mencionados en la producción arrozal sustentable con bajos insumos.

Referencias

1) Alforo, O. y Silvera, G. 1988. Recomendaciones para la producción de Fríjol de Bejuco. IDIAP. Divisa, Panamá. 6 p.

2) Hammond. L. L. y L. A. León. 1982. Efectividad agronómica de las rocas fosfóricas. Centro Internacional de Agricultura Tropical (CIAT). Cali, Colombia. 40 p.

3) León, L.A. 1981. Fertilización fosfórica del arroz. Centro Internacional de Agricultura Tropical (CIAT). Cali, Colombia. 40 p.

4) Name, B. y Cordero, A. 1990. Determinación del aluminio intercambiable como base para el encalado de los suelos ácidos de Panamá. Divisa, Panamá. Boletín Técnico No. 35. IDIAP. 30 p.

5) Raij B. van., H. Cantarella., J. A. Quaggio. e Â. M. C. Furlani. 1997. Recomendações de Adubação e Calagem para o Estado de São Paulo, Boletim Técnico 100, 2ª edição revisada e atualizada. Instituto Agronômico, Campinas-SP, Brasil, 285 p.

6) Raij B. van. (Traduzido). 1990. Potássio: Necessidade e uso na agricultura moderna, Em: Potash: "Its need & use in modern agriculture", publicado pelo Potash & Phosphate Institute of Canada em 1988. Associação Brasileira para Pesquisa da Potassa e do Fosfato Piracicaba-SP. Brasil, 45 p.

7) IDIAP · FCA · CIAT. 1987. Panamá 1048 Nueva variedad de arroz adaptada a condiciones de secano favorecido. Panamá. 3 p.

8) Salinas, J. G. y C. A. Valencia. 1984. Oxisoles y Ultisoles en américa tropical. II. Mineralogía y características químicas. Centro Internacional de Agricultura Tropical (CIAT). Cali, Colombia. 68 p.

9) Sánchez, P. A. y Salinas, J. G. 1983. Suelos Ácidos. Estrategias para su manejo con bajos insumos en América Tropical. Sociedad Colombiana de las Ciencias del Suelo. Bogotá, Colombia. 93 p.

10) Tomita, K., Márquez, E., Pardo, C. y Sánchez, R. 2002. Estudio de neutralización del aluminio y la dinámica del fósforo en un Ultisol cultivado con arroz secano en Panamá. Sociedad Colombiana de la Ciencia del Suelo. Bogotá, Colombia. Suelos Ecuatoriales. **32**: 62-70.

11) Osorio. N. W. 2003. Eficiencia y Efectividad de la Fertilización en la Agricultura de Colombia. En: María del Pilar, Rodrigo Lara Silva, Manuel Iván Gómez y Germán Peñaloza. Manejo Integral de la Fertilidad del Suelo. Sociedad Colombiana de la Ciencia del Suelo. Bogotá, D. C., Colombia. 177-182, 198-203, 208-209.

6. Efecto de la roca fosfórica en el cultivo de arroz de secano

1. Introducción

Los suelos ácidos de la Provincia de Coclé y Veraguas mantienen un bajo contenido de fósforo, por la alta fijación a que es sometido el P_2O_5 por lo que se requiere realizar estudios a base de fertilizantes fosforados que liberen el fósforo lentamente durante un período prolongado.

Una de las alternativas para aumentar el fósforo disponible en suelos ácidos de baja fertilidad es la roca fosfórica (=Fosfato natural). Sin embargo, en el país no se dispone de información suficiente sobre dosis de este fertilizante en cultivos y forestales. La roca fosfórica de Carolina del Norte es un fertilizante de lenta solubilidad, con un porcentaje de P_2O_5 que oscila entre 30 a 35% con un 40 a 50 % de calcio.

Smith y Sánchez señalaron que la roca fosfórica es una alternativa para reducir altos costos producidos por otros fertilizantes fosforados que se aplican anualmente y que fijan altas cantidades de P.

Torres y González indicaron que bajo condiciones de suelos ácidos (pH 3.7 a 4.2 con extracto KCl) utilizando el maíz, la roca fosfórica adquiere mayor ventaja en efecto residual que el superfosfato triple. Anualmente el superfosfato fue superior.

En la Finca experimental de Calabacito no existe suficiente información sobre dosis de la roca fosfórica y su efecto en los cultivos, se presenta el siguiente trabajo el que determinará la dosis óptima de roca fosfórica a aplicar en un Ultisol y su efecto sobre los rendimientos del arroz. Antes de explicar Materias y Métodos, el autor mostró la característica de rocas fosfóricas representativas.

2. Rocas fosfóricas en América Tropical

1). Depósito de las rocas fosfóricas en América Latina

La Figura N°3-6-1 muestra la ubicación de los principales yacimientos de roca fosfórica en el trópico. Algunos de ellos se encuentran cerca de los suelos ácidos e infértiles de la región.

Figura Nº3-6-1. Depósito de Rocas Fosfóricas en América Tropical.

(Fuente: CIAT, 1981.)

Tabla Nº3-6-1. Materiales de apatita y su fórmula empírica.

Nombre	Fórmula empírica
1. Hidroxiapatita	$Ca_{10}(PO_4)_6(OH)_2$
2. Fluorapatita	$Ca_{10}(PO_4)_6F_2$
3. Hidroxifluorapatita	$Ca_{10}(PO_4)_6(OH)\ x\ F_{2-x}$
4. Carbonato apatito	$^*Ca_{10-A-B}Na_AMg_B(PO_4)_{6-X}(CO_3)\ x\ F_{2+Y}$

* Donde Y=0.4X, A=0.3X, B=0.12X y X $\leq$ 1.4.

(Fuente: CIAT, 1981.)

2). Composición de las rocas fosfóricas

2)-1. Composición de las rocas fosfóricas

Las rocas fosfóricas son minerales derivados del ácido ortofosfórico, conocidas con el nombre de materiales de apatita (Tabla Nº3-6-1). El material apatito, en forma de hidroxifluorapatita es raro encontrado como roca sedimentaria, pero puede ser hallado en rocas fosfóricas igneas o metamórficas. Investigaciones recientes muestran que en la

80

mayoría de las rocas fosfóricas los fosfatos minerales se presentan como carbonatos apatitos, en los cuales el carbonato y el fluor han sido sustituidos por fosfatos y el sodio y el magnesio han sido sustituido por calcio.

La Tabla N°3-6-2 se presenta la composición química de algunas rocas fosfóricas, con las cuales se han realizado las investigaciones.

Tabla N°3-6-2. Composición química y procedencia de algunas rocas fosfóricas usadas en las investigaciones.

Roca fosfórica y Procedencia	Composición, % en peso					
	Ca	P	Na	Mg	CO_2	F
Huila, Colombia	28.1	9.1	0.2	0.1	8.0	2.4
Pesca, Colombia	20.1	8.6	0.1	0.1	1.3	2.2
Fosbayovar, Perú	32.8	13.0	1.6	0.3	4.1	2.8
Gafsa, Tunes	35.2	13.0	0.9	0.3	5.8	3.9
Carolina del Norte, EUA	34.7	13.0	0.7	0.3	5.4	3.5
Florida Central, EUA	33.9	14.2	0.5	0.2	3.3	3.6
Tennessee, EUA	30.2	13.1	0.3	0.2	1.4	3.2

(Fuente: Chien y Hammond, 1978.)

2)-2. Solubilidad del fósforo

La solubilidad del fósforo de una roca fosfórica puede ser usada como un índice de su reactividad. En la Tabla N°3-6-3 se muestra la cantidad de P_2O_5 soluble obtenido de diferentes rocas fosfóricas mediante varios métodos de extracción.

Tabla N°3-6-3. Escala de la reactividad de rocas fosfóricas, medida por varios métodos.

	P_2O_5 soluble, % de la roca					Solubilidad absoluta en citratos, %
	Citrato de amonio neutro		Acido cítrico,	Acido fórmico,	Citrato de amonio	
	Primera[1]	Segunda[1]	2%	2%	pH 3	
Huila	0.8	3.4	5.2	6.2	10.5	12.2
Pesca	1.9	1.9	7.0	5.3	8.5	9.7
Fosbayovar	5.3	5.4	15.2	21.8	24.1	14.9
Gafsa	4.9	5.6	14.1	22.4	21.1	18.5
Carolina del Norte	7.2	6.7	15.9	25.7	24.8	19.8
Florida Central	3.0	3.2	8.4	8.2	14.0	10.1
Tennessee	2.6	2.7	8.8	6.9	9.8	5.1

[1] Se refiere a las extracciones.

(Fuente: Chien y Hammond, 1978.)

Se ha observado que la solubilidad del fósforo medida por estos métodos está estrechamente relacionada con la tasa de disolución de la roca fosfórica en un medio ácido, y por lo tanto, altamente correlacionada, al menos, con la respuesta inicial de las plantas al fósforo de diferentes fuentes.

Así, cuando a un fertilizante completamente acidulado, como el superfosfato triple, se la hace una primera extracción, el 87% del fósforo es soluble en agua y el 13% en citratos; en una segunda extracción no se obtiene nada ya que está todo el fósforo completamente disuelto. Sin embargo, con las rocas fosfóricas se la primera extracción indicó que tenía un 5% de fósforo soluble en citrato, se puede encontrar la misma cantidad aún después de ocho extracciones. En este caso, el fósforo aprovechable está relacionado con la tasa de disolución, pero no con la cantidad disponible.

3). Efectividad agronómica en relación con la solubilidad

Con base en estos resultados se clasificaron las rocas en cuatro grupos; de reactividad alta, media, baja, y muy baja, según su solubilidad en citrato de amonio neutro (Figura N°3-6-2).

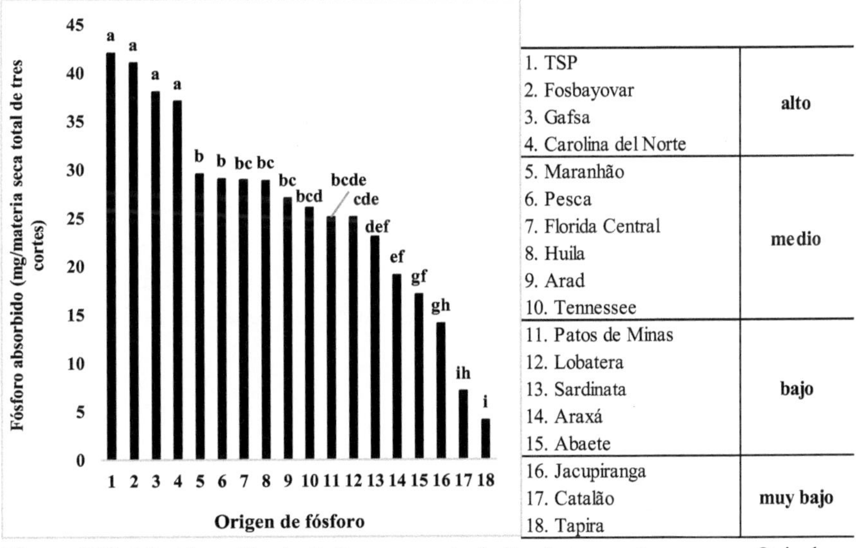

1. TSP	
2. Fosbayovar	
3. Gafsa	alto
4. Carolina del Norte	
5. Maranhão	
6. Pesca	
7. Florida Central	medio
8. Huila	
9. Arad	
10. Tennessee	
11. Patos de Minas	
12. Lobatera	
13. Sardinata	bajo
14. Araxá	
15. Abaete	
16. Jacupiranga	
17. Catalão	muy bajo
18. Tapira	

Figura N°3-6-2. Absorción de fósforo por parte de *Panicum maximum* en un Oxisol en Gaviota, Colombia con diferentes niveles de Roca Fosfórica bajo invernadero; Total de tres cortes.

(Fuente: CIAT, 1981.)

En este ensayo, al agrupar las fuentes según la cantidad de fósforo absorbido por las plantas, se encontró que el superfosfato triple y las rocas fosfóricas Fosbayovar, Gafsa y Carolina del Norte pueden ser clasificados como de reactividad alta, y las rocas Jacupiranga, Catalão y Tapira como de muy baja reactividad. Sin embargo, esta clasificación depende parcialmente del cultivo que se tome como indicador.

En la evaluación de las rocas fosfóricas para su aplicación directa, la determinación de su valor agronómico y económico depende de varios factores: su reactividad química, su disponibilidad residual, los requerimientos del cultivo, las propiedades de los suelos, el sistema de cultivo y el costo del producto.

3. Materias y Métodos

1). Niveles de la aplicación de la roca fosfórica (RF)

Se evaluaron 5 tratamientos de roca fosfórica originaria de Carolina del Norte, cuyo contenido de P_2O_5 es de 30.5%. El diseño experimental fue de parcelas principales en donde la dosis de fósforo (0, 50, 100, 200 y 400kg/ha de P_2O_5) con cuatro repeticiones. El tamaño del experimento fue de 320 m². La variedad de arroz utilizada fue Panamá 1048 al igual que el experimento anterior (**1. Efecto de la aplicación de cal y fósforo en el cultivo de arroz de secano no mesmo Capítulo**).

2). Efecto residual de la roca fosfórica aplicada al primer año

El ensayo se inició en el año 1993 aplicando el abono de roca fosfórica en el hoyo donde se sembró el cultivo de arroz. En la primera parte de este ensayo se evaluaron y analizaron los resultados del cultivo de arroz, cosechado en diciembre de los años 1993 y 1994. Por fin, en el año siguiente, se evaluó el efecto residual de la roca fosfórica aplicada al primer año.

3). Manejo de fertilización y control

Sobre la aplicación del N y K, control de enfermedad, plaga y maleza, se realizan de acuerdo con el sistema convencional del IDIAP al igual que el experimento anterior.

4. Resultados y Discusión

1). Dinámica de P disponible dentro del cultivo de arroz

2). Rendimientos de grano de arroz en los años 1993 y 1994

2)-1. Efecto de P₂O₅ en los rendimientos de arroz en el año 1993

El análisis de varianza para la variable rendimiento total peso de grano de arroz mostró que hubo diferencias altamente significativas (P=0.01) entre tratamientos de P_2O_5. La prueba de comparación de rango múltiple de Duncan indicó que no hubo diferencias entre los tratamientos de 200 y 400 kg de P_2O_5/ha, resultando superior a 100, 50 y 0 kg de P_2O_5/ha (Figura N°3-6-3).

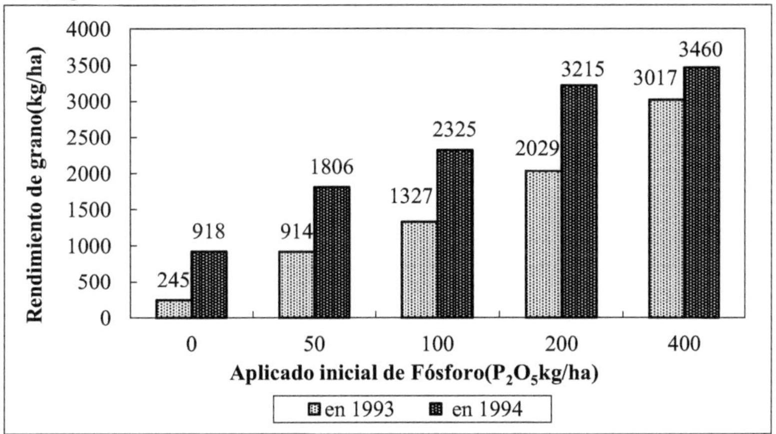

Figura N°3-6-3. Rendimiento de grano de arroz respuesta al aplicado inicial de roca fosfórica durante dos años.

Se observa que no hubo diferencias entre 200 y 100 kg de P_2O_5/ha, siendo superior a 50 y 0 kg de P_2O_5/ha. Tampoco hubo diferencia entre el tratamiento 100 y 50 kg de P_2O_5, mostrándose superiores a 0 kg/ha de P_2O_5 el que resultó inferior a todos los demás (Figura N°3-5-4-2).

2)-2. Efecto de P₂O₅ en los rendimientos de arroz en el año 1994

El análisis de varianza para la variable rendimiento total peso de grano de arroz mostró que hubo diferencias altamente significativas (P=0.01) entre tratamientos de P_2O_5.

Se observa que hubo diferencias entre 400 y 200 de P_2O_5/ha, siendo superior a 100 y 50 kg de P_2O_5/ha, mostrándose superiores a 0 kg/ha de P_2O_5 el que resultó inferior a todos los demás.

5. Conclusiones

1. Las aplicaciones de dosis de P_2O_5 aumentaron los rendimientos del cultivo de arroz de manera significativa.

2. El aumento de la disponibilidad del P en el suelo por el efecto de mayores dosis de P_2O_5 (400 y 200 kg de P_2O_5/ha) no mostró diferencias en los rendimientos en el año 1994.

3. La dosis de P_2O_5 que desde el punto de vista económico optimizó el rendimiento de arroz fue de 400 kg/ha.

Referencias

1) Hammond. L. L. y León, A. L. 1982. Efectividad agronómica de las rocas fosfóricas. Centro Internacional de Agricultura Tropical (CIAT). Cali, Colombia. 40 p.

2) IDIAP · FCA · CIAT. 1987. Panamá 1048 Nueva variedad de arroz adaptada a condiciones de secano favorecido. Panamá. 3 p.

3) Salinas, J. G. y C. A. Valencia. 1984. Oxisoles y Ultisoles en américa tropical. II. Mineralogía y características químicas. Centro Internacional de Agricultura Tropical (CIAT). Cali, Colombia. 68 p.

4) Tomita, K., Márquez, E. y Pardo, C. 2001. Efecto de roca fosfórica en el cultivo de arroz en un Ultisol, Panamá. Sociedad Colombiana de la Ciencia del Suelo. Bogotá, Colombia. Suelos Ecuatoriales. **31**(2): 112-117.

5) Osorio. N. W. 2003. Eficiencia y Efectividad de la Fertilización en la Agricultura de Colombia. <u>En</u>: María del Pilar, Rodrigo Lara Silva, Manuel Iván Gómez y Germán Peñaloza. Manejo Integral de la Fertilidad del Suelo. Sociedad Colombiana de la Ciencia del Suelo. Bogotá, D. C., Colombia. 177-182, 198-203, 208-209.

7. Efecto de la aplicación de cal, materiales fosfatados y gallinaza en la rotación del cultivo de fríjol y arroz bajo secano

1. Introducción

En Panamá la gran mayoría de los suelos ácidos son dedicados por los productores al pastoreo debido en muchos casos a la pobreza que presentan en su fertilidad ocasionada o empeorada en muchos casos por las malas prácticas de conservación, ya que el productor se ve en la necesidad de limpiar la foresta, utilizando prácticas de tumba y quema, con el subsecuente le fenoso progresivo en el Ca intercambiable sin corregir la acidez mediante encalamiento y luego migrando a nuevas tierras (Smith y Cravo,1992).

El fríjol de bejuco es una de las fuentes básicas de proteína en las áreas rurales y es un cultivo típico de los productores de subsistencia (o de aprovechamiento de suelos cultivados de arroz). Anualmente, se siembran unas 10,000 hectáreas con un rendimiento promedio entre 272 y 318(kg/ha).

Las áreas de producción se concentran en las provincias de Veraguas, de Chiriquí y de Los Santos. El cultivo de fríjol debe estimarse, por su buena adaptación al trópico húmedo y caliente, y por su alto valor nutritivo, pues la proteína del fríjol es más aprovechable y mejor calidad, en comparación con otras leguminosas, como el poroto.

2. Los objetivos perseguidos mediante la realización del presente estudio son los siguientes

a. Estudiar el efecto de la aplicación del carbonato de calcio en la precipitación del Al intercambiable.

b. Comparar el efecto de la aplicación de superfosfato triple y roca fosfórica con el rendimiento de fríjol.

c. Comparar el efecto de la aplicación adicional y el efecto residual de superfosfato triple y roca fosfórica con el rendimiento de arroz.

3. Materiales y Métodos

Actualmente, se planificó bloques complicados para este experimento durante los 2 años. En este libro, el autor escogió los tratamientos con la aplicación de cal agrícola y materiales fosfatados (Superfosfato triple y roca fosfórica del Carolina del Norte) en el primer año sobre la rotación del cultivo de frijol y arroz de secano.

1). Manejo del ensayo en el cultivo de frijol (primer año)

1)-1. Diseño y siembra

Parcelas de 2 m x 2 m (4 metros cuadrados). Modelo de bloques completos al azar con 12 repeticiones y 4 tratamientos. Para los métodos de siembra descritos, la semilla se entierra a una profundidad de 3 a 5 cm, la distancia entre hilera es de 50 cm; entre plantas 10 cm. La población deseable es de 400.000 plantas por hectáreas y la siembra de una hectárea requiere de 130 Lbs. (cerca de 60kg) de semillas (Figura N°3-7-3-1). Se utilizó la variedad Arauca.

1)-2. Tratamientos sin y con la cal

Teniendo en cuenta los experimentos anteriores, se preparó 0 y 2t/ha de la cal en el experimento.

1)-3. Tratamientos con el SFT y la RF en cada tratamiento con la cal

a. Parcelas principales (tratamientos con carbonato de calcio)
    2 Niveles   0 t $CaCO_3$/ha
                     2.0 t $CaCO_3$/ha
b. Sub-parcelas (tratamientos con SFT y RF)
    2 Niveles   1. SFT (0-46-0)   200kgP_2O_5/ha
                     2. RF (0-30.5-0) 200kgP_2O_5/ha

1)-4. Aplicación de fertilizante

Fertilizante básico para cultivar fríjol durante 2 meses.
Urea: 50kgN/ha
KCl: 30kgK_2O/ha
Sulfomag: [K_2O (22%) -S (22%) -Mg (18%)]: 20kgS/ha (16kgMg/ha + 20kgK_2O/ha)

2). Manejo del ensayo en el cultivo de arroz (segundo año)

En el segundo año, se continuó el cultivo de arroz de secano sin la aplicación cálcica y fosfatada con el fin de evaluar el efecto residual, teniendo en cuenta más alta tolerancia a acidez para el arroz. Se utilizó la variedad Panamá 1048. Para aplicación nitrogenada, potásica, magnésica y otro, se realizó mismos abonos químicos que se utilizó en el primer año y se aplicaron mismas cantidades por hectárea.

4. Resultados y Discusión

1). Resultados del cultivo de frijol

1)-1. Condición del cultivo de frijol en cada tratamiento cálcico

Actualmente, el autor aprovechó la roca fosfórica de Carolina del Norte en el cultivo de frijol en el suelo Ultisol de Panamá, comparando con el fertilizante fosfatado Triple Superfosfato. El autor pudo garantizar buenos y valiosos resultados.

En el experimento se utilizó la variedad Arauca para frijol y se aplicaron 2t/ha de cal y 200kgP_2O_5/ha como fertilizante fosfatado (SFT y RF).

Foto Nº3-7-1. Condición del cultivo de frijol en el tratamiento sin la cal, 1993

Las Fotos Nº3-7-1 y Nº3-7-2 muestran la condición del cultivo de frijol en los tratamientos sin y con la cal, respectivamente. Actualmente, fue mejor para el crecimiento en el tratamiento con la cal más que el crecimiento sin cal, relativamente. Por fin, se observó el efecto de la aplicación de calcio en el suelo Ultisol con alto contenido de Al intercambiable para el cultivo.

Foto Nº3-7-2. Condición del cultivo de frijol en el tratamiento con la cal, 1993

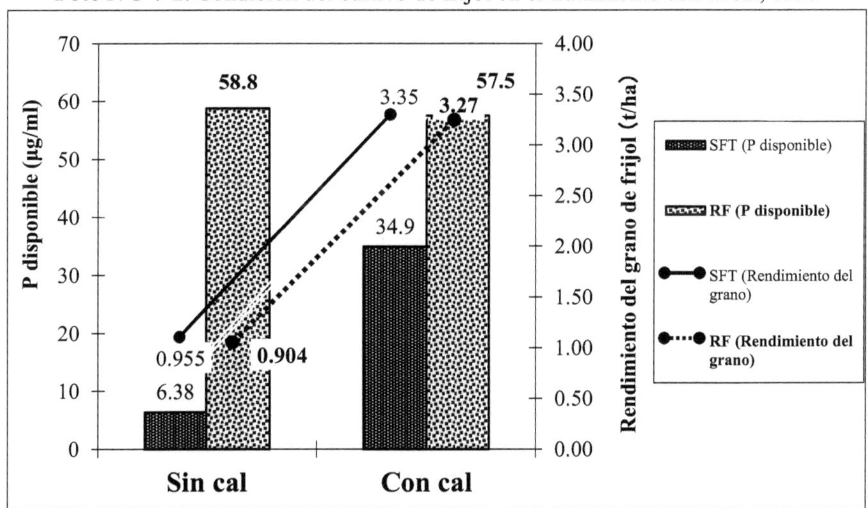

Figura Nº3-7-1. Comparación del rendimiento de granos del frijol y el contenido de P disponible después de la cosecha entre los tratamientos con SFT y RF, respectivamente.

1)-2. Rendimiento y P disponible después de la cosecha de frijol

La Figura N°3-7-1 muestra la comparación del rendimiento de grano de frijol y el contenido de P disponible después de la cosecha entre tratamientos con SFT y RF, respectivamente. De los resultados del análisis de varianza, se observó la diferencia significativa al 1% para la aplicación de la cal, y para el fertilizante fosfatado, no hubo diferencia significativa en el rendimiento de grano, respectivamente. Se observó más alto rendimiento en el tratamiento con la cal que el valor en el tratamiento sin cal. Por otro lado, no se observó la diferencia entre los fertilizantes fosfatados.

Al contrario del caso del rendimiento, se observó casi el mismo contenido de P disponible después de la cosecha entre los tratamientos sin y con la cal en la aplicación de la roca fosfórica.

En el tratamiento con SFT, se observó una mayor detección de P disponible por el método del **Mehlich No1 (0.05M HCl + 0.0125M H$_2$SO$_4$)** en el tratamiento con la cal que el valor en el tratamiento sin cal, relativamente. Pero, fue menor para P en el tratamiento con SFT que el valor en el tratamiento con RF, relativamente.

Actualmente, se considera que el P fue absorbido por Al intercambiable en suelo ácido Ultisol con el tiempo, por lo que se observó menor para el valor en el tratamiento sin cal que el valor en el tratamiento con cal baja condición de aplicación del SFT. Al contrario del caso del SFT, no se observó la diferencia para el valor entre los tratamientos sin y con la cal baja condición del RF, relativamente. Además, se observó un muy alto valor en el tratamiento con RF que en el tratamiento con SFT sin relación con no la aplicación cálcica.

Básicamente, se considera disolver no solo el P del Ca, sino también la fracción de Fe y/o Al por la solución de extracción muy ácida, como Mehlich No1, en el suelo ácido Ultisol, después de la recolección en el tratamiento de RF aplicado (200kgP$_2$O$_5$/ha). Actualmente, no coincidieron entre el valor de P disponible por Mehlich No1 y el rendimiento de grano en el tratamiento sin cal.

Pero se puede esperar muy alto rendimiento por la fertilización de calcio (2t/ha) sin diferencia del tipo de fosfato aplicado. Para la roca fosfórica de Carolina del Norte, se conoce como alta disponibilidad de P, teniendo en cuenta la alta donación de P del Ca, por lo que se consideró aprovechar el P para los granos, efectivamente, en la condición de precipitación de Al por aplicación de calcio en el suelo.

En cualquier caso, es necesario sustituir el método convencional por el nuevo para adaptarse a suelos ácidos rojos (Oxisol y/o Ultisol ... etc.) con un alto contenido en óxido de Fe y Al.

Foto Nº3-7-3. Condición del crecimiento de arroz a cerca de 50 días después de la siembra en Calabacito, 1994.

Foto Nº3-7-4. Condición del crecimiento de arroz a cerca de cosecha, 1994.

2). Resultados del cultivo de arroz de secano

2)-1. Condición del cultivo de arroz en cada tratamiento cálcico

La Fotos N°3-7-3 y N°3-7-4 muestran la condición del crecimiento de arroz en el escenario vegetativo y cerca de la cosecha, respectivamente. Actualmente, teniendo en cuenta la aplicación de la cal y roca fosfórica en el primer año y nueva aplicación de la gallinaza, se pudo obtener el rendimiento adecuado en el suelo Ultisol.

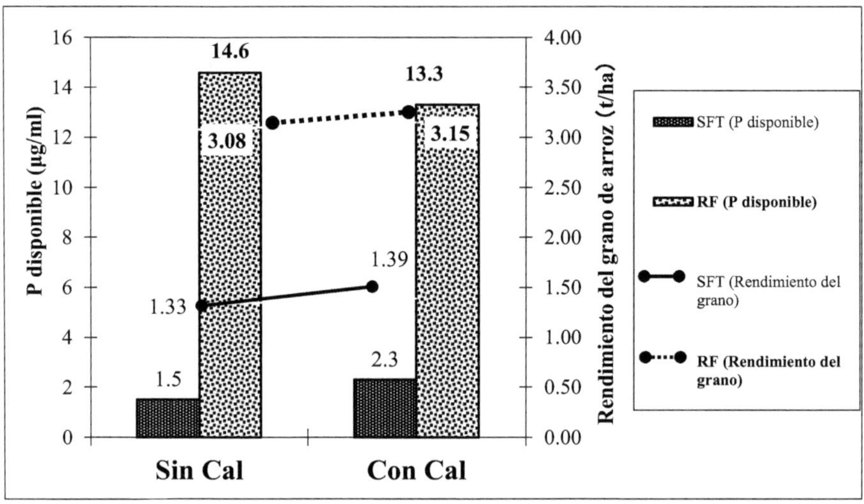

Figura N°3-7-2. Comparación del rendimiento de granos del arroz de secano y el contenido de P disponible después de la cosecha entre los tratamientos con SFT y RF, respectivamente.

2)-2. Rendimiento y P disponible después de la cosecha de arroz de secano

La Figura N°3-7-2 muestra la comparación del rendimiento de granos del arroz de secano y el contenido de P disponible después de la cosecha entre los tratamientos con SFT y RF, respectivamente en el segundo año. Actualmente, se desapareció el contenido del P disponible en los ambos tratamientos fosfatados (SFT y RF) con el tiempo, teniendo en cuenta alto contenido del Al intercambiable en el suelo Ultisol en comparación con los contenidos en el primer año.

Pero, para el P disponible en los tratamientos de la RF, se observó más alto que el contenido en el tratamiento del SFT, teniendo en cuenta ser dificultad de disolver en el suelo ácido. De los resultados, relativamente, se observó más alto rendimiento del grano en el tratamiento de la RF que el rendimiento en el tratamiento del SFT y no se observó la gran diferencia para el rendimiento en los tratamientos cálcicos.

En el experimento, se evaluó la aplicación económica para los materiales abonados en la rotación de cultivo, y se observó alto beneficio neto para productores (No se lo explicó en el libro).

Referencias

1) Alforo, O. y G. Silvia. 1988. Recomendaciones para la producción de Fríjol de Bejuco. IDIAP. Divisa, Panamá. 6 p.

2) Diaz, Romeu; Hunter, A. 1978. Metodologías de muestreo de suelos; análisis químico de suelos de tejidos vegetal y de investigaciones en invernadero. Casa editorial, Turrialba, Costa Rica. 62 p.

3) Handbooks Reference Methods for Soil Testing. 1980. Segunda edition University of Georgia. Athens, Georgia. 130 p.

4) IDIAP · FCA · CIAT. 1987. Panamá 1048 Nueva variedad de arroz adaptada a condiciones de secano favorecido. Panamá. 3 p.

5) Hammond. L. L. y L. A. León. 1982. Efectividad agronómica de las rocas fosfóricas. Centro Internacional de Agricultura Tropical (CIAT). Cali, Colombia. 40 p.

6) León, L.A. 1981. Fertilización fosfórica del arroz. Centro Internacional de Agricultura Tropical (CIAT). Cali, Colombia. 40 p.

7) Tomita, K., Márquez, E. y Pardo, C. 2002. Estudio de la rotación de cultivo de fríjol y arroz secano en un Ultisol, Panamá (Sobre el aumento del beneficio para agricultores pequeños y almacenamiento de comida proteínica). Sociedad Colombiana de la Ciencia del Suelo. Bogotá, Colombia. Suelos Ecuatoriales. **32**: 36-45.

8) Osorio. N. W. 2003. Eficiencia y Efectividad de la Fertilización en la Agricultura de Colombia. En: María del Pilar, Rodrigo Lara Silva, Manuel Iván Gómez y Germán Peñaloza. Manejo Integral de la Fertilidad del Suelo. Sociedad Colombiana de la Ciencia del Suelo. Bogotá, D. C., Colombia. 177-182, 198-203, 208-209.

8. Problema del método de Mehlich No1 para determinar del P disponible en suelo ácido rojo (Oxisol y Ultisol) después de la aplicación de roca fosfórica

1. Problema en la fertilización fosfatada natural

El método del **Mehlich No1 (0.05M HCl + 0.0125M H₂SO₄)** (Solución extractora muy ácida) ha presentado un problema en suelos que reciben fosfato natural de baja solubilidad, disolviendo residuos no disponibles para las plantas de estos fertilizantes, proporcionando así **resultados irrealmente altos**.

El autor trabajó en Instituto de Pesquisas Técnicas Difusões Agropecuárias (IPTDA) da JATAK, visitó al Centro de Energía Nuclear na Agricultura (CENA), Universidad de São Paulo en Piracicaba-SP. Según el Dr. Muraoka T., entonces, la EMBRAPA utilizó Mehlich No1 para determinar el P disponible en el suelo aplicado con fosfato natural (roca fosfórica de Araxá en Minas Gerais).

Actualmente, se observó un alto contenido de P disponible en el suelo aplicado a la roca fosfórica de Araxá, la que era de baja disponibilidad con un alto contenido de Fe y/o Al. Por lo tanto, la EMBRAPA malentendió como aumentar la fertilidad fosfatada en el suelo, pero no se puede esperar un alto rendimiento en el mismo suelo.

Fue posible concluir como la solución extractora Mehlich No1 (ácido muy fuerte) detectó no solo el P del Ca, sino también la fracción de Fe y/o Al en el suelo. El autor pudo conocer la explicación del Dr. Takashi, M en el CENA como el caso escrito anterior y fue muy importante para el autor.

2. Evaluación de varios tipos de la solución extractora

Del resultado, la resina de intercambio iónico es superior en la detección del P disponible en suelo rojo ácido. Antes de la explicación, se han realizado numerosos estudios en diferentes países, con el objetivo de identificar los mejores métodos para determinar el fósforo. La comparación se puede hacer correlacionando los valores de análisis del suelo por diferentes métodos, con el fósforo absorbido por las plantas. En la Tabla Nº3-8-1, se da un resumen de los trabajos publicados entre 1953 y 1977, considerando los métodos principales en uso en los laboratorios de análisis de suelos de rutina. Los resultados apuntan a la superioridad del método de la resina de intercambio iónico, siendo mejores en 11 de los 16 estudios en los que se probó, estamos cerca de los mejores en 3 y siendo inferiores en solo dos casos.

El método que aparece en segundo lugar es el de Olsen, que utiliza extracción con bicarbonato de sodio 0.5 M a pH 8.5. Sin embargo, un estudio en São Paulo reveló que el extractor Olsen también es inferior a la resina de intercambio aniónico (Raij et al., 1984).

Tabla Nº3-8-1. Valores medios de los coeficientes de determinación (r2), para varios métodos de extracción de fósforo, comparados en 42 artículos publicados entre 1953 y 1977.

Método	Número de trabajos en que fue probado	r^2 %
Resina	16	71,2
Olsen	32	54,6
Mehlich No1	12	48,9
Bray No1	29	46,2
Bray No2	14	37,9
Morgan	13	31,6

(Fuente: Modificado de Adaptado de Raij, 1978).

Nota: Composición de las otras soluciones de extracción

Bray No1 (0.03M NH4F + 0.025M HCl), Bray No2 (0.03M NH4F + 0.1M HCl) e Morgan (Acetato de sodio a pH 4,8)

Actualmente, para Olsen-Modificado es usado en el Costa Rica (Es probable que haya sido cambiado del Olsen modificado al Mehlich No3[4]), y para el Bray No2, es usado en el Colombia para determinar o P disponible en el suelo, respectivamente.

Para Bray No1, es un método adecuado y se puede aplicar a suelos ácidos para evitar una disminución de la acidez debido a la solución de extracción. Para Bray No2 es adecuado en suelos de arroz con condiciones de bajo condición de reducción.

3. Evaluación del P absorbido por arroz y contenido de P disponible en el suelo entre el método de Mehlich No1 y la Resina

La Figura Nº3-8-1 muestra las relaciones entre fosforo absorbido por arroz inundado de ocho suelos de cuencas y los contenidos de fósforo en el suelo, obtenidos por el extractor de Mehlich No1 e por el método de la Resina. Actualmente, no se observó la relación entre el P absorbido y el contenido detectado en el suelo por el Mehlich No1,

---

[4] **Mehlich No3:** Para el método, es el método mejorado de Mehlich No2 (CH3COOH 0.18M + NH4F 0.015N + HCl 0.01M + NH4Cl 0.20M), y la solución de extracción de Mehlich No3 es CH3COOH 0.2M + NH4NO3 0.25M + NH4F 0.015M + NHNO3 0.013M + EDTA 0.001M.

teniendo en cuenta ser ácido doble fuerte. Por el contrario, se observó muy alta relación entre el P absorbido y el contenido por la Resina, relativamente. Se considera que pudo detectar el P disponible por la Resina para la planta, básicamente por los resultados.

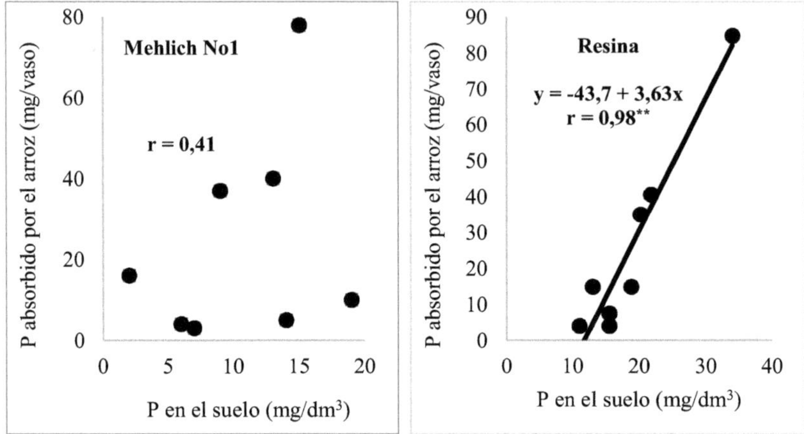

Figura Nº3-8-1. Relaciones entre fosforo absorbido por arroz inundado de ocho suelos de cuencas y los contenidos de fósforo en el suelo, obtenidos por el extractor de Mehlich No1 e por el método de la Resina (Modificado de Grande et al., 1986).

4. Comentario para el método de Mehlich No1

Según, el Dr. Yamada. T. en la Associação Brasileira para Pesquisa da Potassa e do Fosfato (POTAFOS) en Piracicaba-SP, Brasil le dijo al autor que el método de Mehlich No1 no fue mal para evaluación del P disponible en el suelo muy ácido. Actualmente, la EMBRAPA lo utiliza como evaluación del P y de los cuatro micros mencionados en Brasil y La EMBRAPA donde se encuentra en el Estado de São Paulo realiza los dos métodos (Mehlich No1 y Resina) para comparar.

Básicamente, se realiza el método de Mehlich No1 para determinar el P y los micros, y extracción por KCl 1M para determinar Ca, Mg y Al intercambiable en el suelo ácido rojo mineral con menos de 5% para materia orgánica. Especialmente, se puede evaluar en el suelo con alta fijación del P y muy bajo contenido del mismo elemento para el Mehlich No1 a menos que aplique la roca fosfórica con baja calidad (Alto contenido del P combinado con Fe y Al, Por ejemplo, El material en Araxá en el Estado de Minas Gerais, Brasil).

Actualmente, se utiliza el método de Mehlich No1 para determinar el tipo disponible y KCl 1M para determinar el tipo intercambiable en el suelo en Panamá,

Paraguay y Brasil con excepción del Estado de São Paulo. **Para la teoría de la Resina,** el autor explica en el **Capítulo V** como el adicional.

Referencias

1) Raij B. van. 1991. Fertilidade do solo e adubação. Associação Brasileira para Pesquisa da Potassa e do Fosfato. São Paulo-SP, Brasil. 29-46, 138-162, 181-203.
2) Tomita, K. 2021. Conocimiento básico práctico sobre Química de Suelos en América Latina-Aprovechamiento de los resultados de Costa Rica, Panamá, Colombia, Ecuador, Brasil y Paraguay-. 132 p.

CAPÍTULO IV

MANEJO DE LA FERTILIDAD DEL SUELO INCEPTISOL (COCLÉ)

1. Introducción

En el día de hoy se avanza desastre ambiental con desmonte y quema en el bosque para que extienda la producción agropecuaria en los países de América Latina. En realidad, después de explotar la tierra para la producción, no se la puede mantener durante largo plazo, por lo que la tierra se abandona. E igualmente, se puede ignorar que produce el di óxido de carbono como gas invernadero.

En la provincia de Coclé, se realizó bastante desmonte y quema, casi, no hay árboles en la Finca Experimental de El Coco y en la región se llama Llano de Coclé. Actualmente, se observa suelo empeorado y baja fertilidad.

En la gran llanos, se observó mucha diversidad para la característica física tal como suelo **seco, media humedad** y **alta humedad**. Para la alta humedad, después de llover, se mantuvo alta inundación durante una semana, mientras que para el suelo seco, alta infiltración después de llover.

Al igual que el caso de Calabacito, es muy importante que establezca la producción agropecuaria y forestal en el suelo empeorado después de cortándose árboles primarios y/o secundarios.

En **3.**, **4.** y **7.** en el mismo Capítulo, se realizaron los experimentos en el suelo seco, mientras que para el **5.** Se evaluó la comparación entre el suelo seco y húmedo (Alta humedad) en el cultivo de arroz de secano con diferentes niveles de la aplicación nitrogenada química.

2. Propiedad física y químico de los suelos en la Finca

1. Propiedad física en cada tipo del suelo

1). Dinámica de la velocidad de infiltración

Dentro de la Finca experimental de El Coco, tiene mucha diversidad de suelo como seco e inundado. En la finca, tiene el área cultivada con Canavalia, Mucuna y el área con alta inundación durante 4 o 5 días después de llover, y se nombró el Seco, Medio húmedo y Alto húmido, respectivamente.

Foto N°4-1-1. Evaluación de la velocidad de infiltración en el suelo seco, 2007.

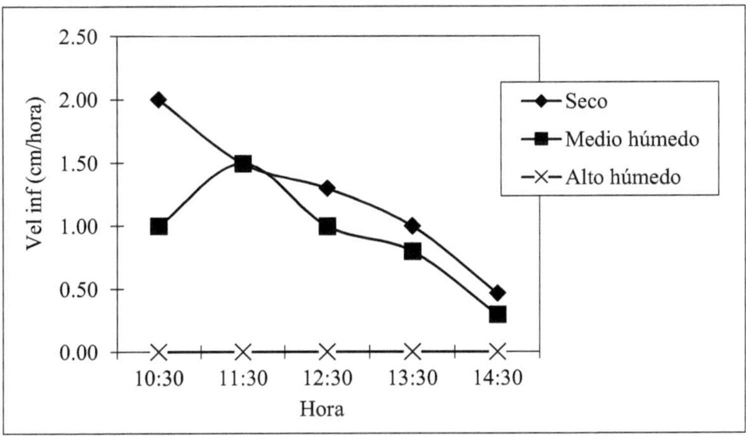

Figura N°4-2-1. Dinámica de velocidad de infiltración en cada tipo del suelo.

La Foto N°4-2-1 muestra la evaluación de la velocidad en el suelo seco. Por eso, se realiza velocidad de infiltración y conteo de lombrices y en cada tipo del suelo. Además, se muestra en la Figura N°4-2-1, y más rápido para la infiltración del suelo seco y medio húmedo. Para el suelo alto húmedo, no avanzó la infiltración dentro del tiempo experimentado.

2). Comparación de conteo de lombriz en cada tipo del suelo

La Figura N°4-2-2 muestra la comparación del conteo de lombrices en cada tipo del suelo. Se observó que conteo de lombrices en el Alto húmido era el más alto. En contrario, la velocidad de infiltración en el Alto húmido fue más renta, y el valor fue de

0 (cm/h) dentro de cuatro horas. La velocidad de otros tratamientos fue mejor en comparación con el Alto húmido. Por fin, el Alto húmido se considera como suelo mucho inundado dentro de estación lluviosa.

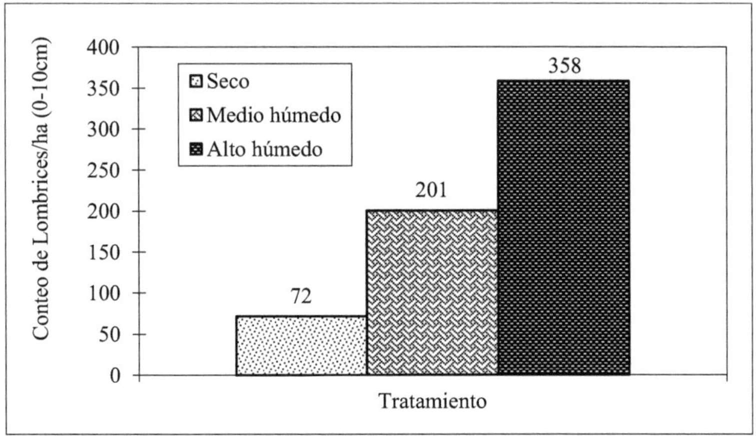

Figura N°4-2-2. Conteo de lombrices en cada tipo del suelo.

Tabla N°4-2-1. Resultados de análisis de la propiedad física y química de cada tipo del suelo antes de la siembra y la fertilización.

Muestra de suelos	Granulometría			pH	Disponible		Intercambiables			CICE	M.O.
Profundida	Arena	Limo	Arcilla	H_2O	P	K	Ca	Mg	Al		
(0-15cm)	(%)			1;1	(mg/L)		$cmol_c$/kg				(%)
Seco	74.0	14.0	12.0	5.6	3.0	94.0	1.9	1.0	0.1	3.0	1.07
Medio húmedo	68.0	16.0	16.0	5.7	13.0	39.0	3.2	1.1	0.1	4.4	0.40
Alto húmedo	58.0	18.0	24.0	6.0	10.0	28.0	4.6	1.3	0.1	6.0	0.67

Muestra de suelos	Elementos menores			
Profundida	Mn	Fe	Zn	Cu
(0-15cm)	(mg/L)			
Seco	17	14	3	1
Medio húmedo	50	28	1	1
Alto húmedo	50	19	tr	1

: **Análisis realizados en el Laboratorio de suelos del IDIAP en Divisa.**

Métodos analíticos: pH en agua (1:1); P, K, Mn, Fe, Zn y Cu = Extractor Mehlich No1 (0.05M HCl + 0.0125M H_2SO_4); Ca, Mg y Al = Extractor KCl al 1M; CICE = Ca+Mg+Al; M.O. = Materia Orgánica (Walkey-Black modificado); Análisis física = Bouyoucos.

2. Análisis físico-químico del suelo

La Tabla N°4-2-1 muestra los resultados de análisis físico-químico de suelos antes de la siembra de arroz y la fertilización (Pedimos el análisis al Laboratorio de Suelos en Divisa).

Se observó que era bajo contenido de arcilla, en contrario, alto contenido de arena (más de 50%). Además, se considera que una diversidad en cada tipo del suelo ya que el contenido de arena fue gran viabilidad en la finca experimental de El Coco.

Por otra parte, está fácil de entender que no es suelo ácido fuerte ya que fue bajo contenido de Al intercambiable en la vista de característica química del suelo. Además, se reconoció la diferencia de Ca intercambiable entre los tipos del suelo, altamente, y fue más alto contenido de mismo elemento en el Alto húmido. Por el contrario, el contenido de materia orgánica fue cerca de 1% o menos de 1%, el contenido en el Seco fue más alto de otros tipos.

El contenido de Mn fue exceso en los tipos húmidos del suelo con excepción del Seco. Por otro lado, el contenido de Fe fue medio en el Medio húmido, y bajo en dos tipos (Seco y Alto húmido) de acuerdo con los niveles críticos utilizados por el Laboratorio de Suelos del IDIAP. El contenido de Zn y Cu fue bajo en todos los tipos de acuerdo con los del IDIAP.

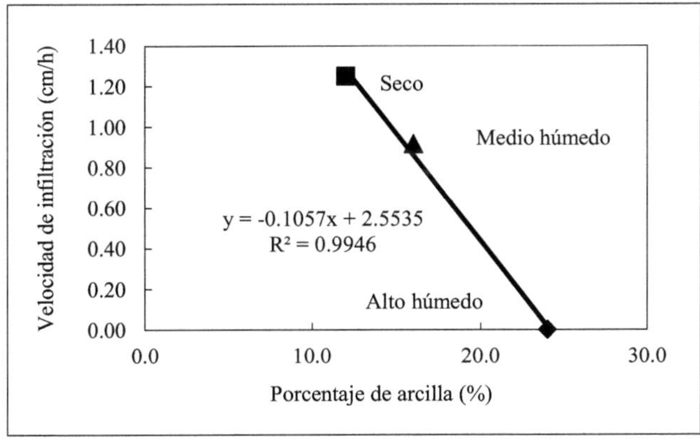

Figura N°4-2-3. Relación entre la Velocidad de infiltración y el porcentaje de arcilla.

3. Relación entre velocidad de infiltración y textura

Las Figuras N°4-2-3, N°4-2-4 y N°4-2-5 muestran relación entre la velocidad de infiltración y el porcentaje de arcilla, la velocidad y el porcentaje de limo, y la velocidad y el porcentaje de arena, respectivamente. Se observó que reconocía relación correlativa negativa entre la velocidad y el de arcilla, altamente en la Figura N°4-2-3. Y se observó misma tendencia con el resultado del de arcilla sobre el de limo (ver la Figura N°4-2-4). En contrario, se observó que reconocía correlativa positiva entre la velocidad y el de arena en la Figura N°4-2-5. Por eso, se considera que la velocidad de infiltración depende el porcentaje de arcilla y el de arena.

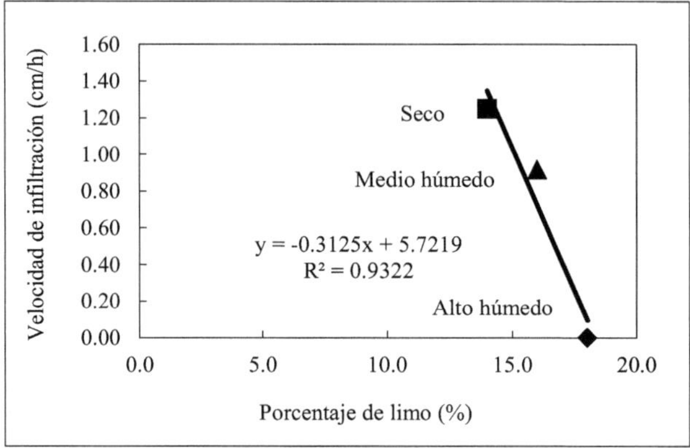

Figura N°4-2-4. Relación entre la Velocidad de infiltración y el porcentaje de limo.

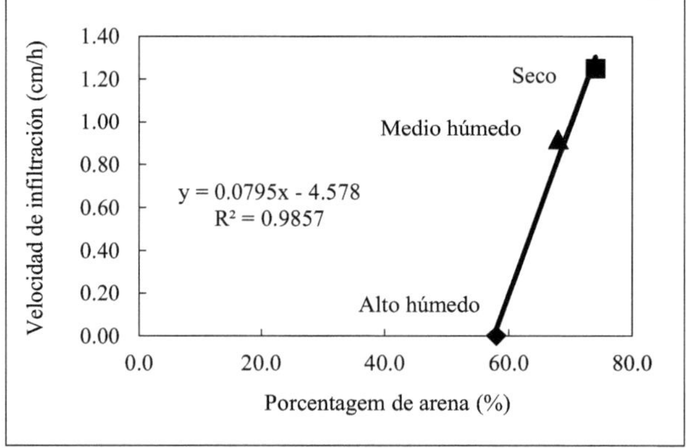

Figura N°4-2-5. Relación entre la Velocidad de infiltración y el porcentaje de arena.

4. Relación entre conteo de lombrices y característica química de tipo del suelo

Las Figuras N°4-2-6, N°4-2-7 y N°4-2-8 muestran relación entre el conteo de lombrices/ha y pH del suelo, el de lombrices y Ca intercambiable, y el de lombrices y Mg intercambiable, respectivamente. Se observó que reconocía relación correlativa positiva dentro de estos, altamente. Actualmente, se reconoce la diferencia por clase de lombriz sobre pH adecuado de lombriz. Por fin, se observa la diversidad, se considera que lombrices confirmadas en la finca experimental de El Coco prefieren alto pH.

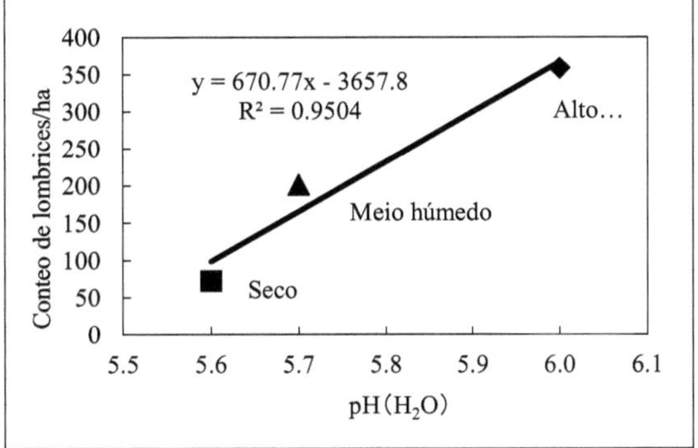

Figura Nº4-2-6. Relación entre el Conteo de lombrices y el valor de pH del suelo.

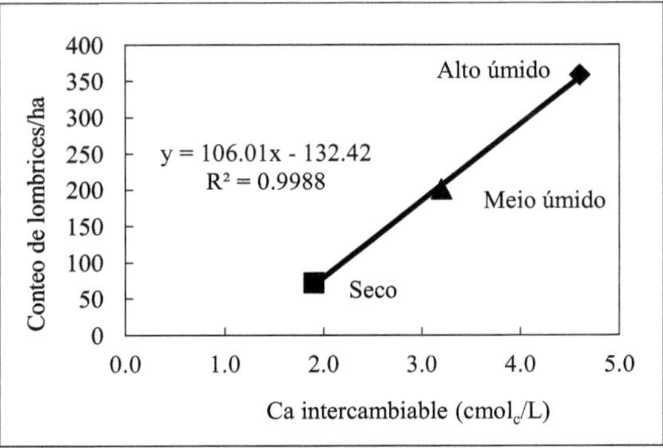

Figura Nº4-2-7. Relación entre el Conteo de lombrices y Ca intercambiable.

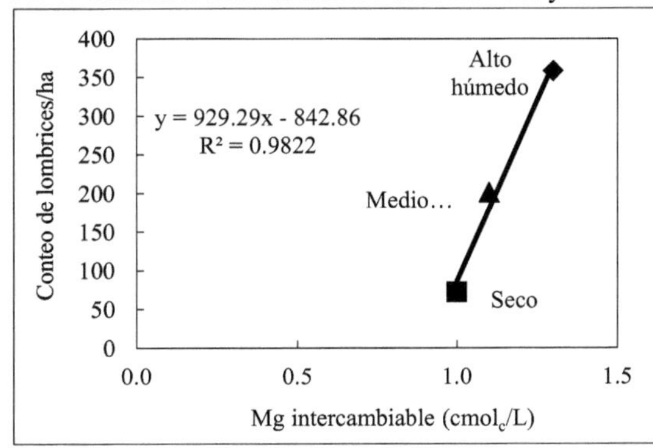

Figura Nº4-2-8. Relación entre el Conteo de lombrices y Mg intercambiable.

3. Aumento de la alta calidad de la Humidicola por asociación del árbol leguminoso Mangium (Sistema agro-silvopastoril Nº1)

1. Introducción

Gran parte de los suelos de la República de Panamá han sido identificados como suelos degradados, con baja fertilidad (ANAM: Autoridad Nacional del Ambiente, 2004). La degradación de estos suelos tiene su génesis desde la época Colonial por el uso del fuego en el sistema de roza, pero el proceso se aceleró con la introducción del monocultivo mecanizado del arroz, usando variedades mejoradas y crecientes cantidades de insumos químicos. Actualmente, ya no es sostenible la producción arrocera de secano.

En realidad, se avanza desmonte y quema por pequeños productores para extender ganado convencional, aumento no sólo nueva explotación sino también la tierra abandonada y/o degradada por el sobrepastoreo. Según el periódico de Panamá (14 de abril de 2007), se perdió el área de 80,000,000 hectáreas como bosque en el país. Especialmente, es notable para región del Océano Pacífico, y se lo avanza en la cordillera central del país.

Teniendo en cuenta la realidad, es necesario recuperar la tierra abandonada y/o degradada por el sobrepastoreo con manejo integral de la fertilidad del suelo e introducción de los árboles leguminosos adecuados para prevenir nueva explotación, e igualmente, establecer un sistema silvopastoril.

En cambio, el Mangium (*Acacia mangium*), es un árbol leguminoso, robusto de fácil establecimiento en plantaciones. La habilidad de fijar nitrógeno y el aporte de hojarasca en forma abundante, colocan a la especie como de alto potencial para la recuperación de suelos degradados (CATIE: Centro Agronómico Tropical de Investigación y Enseñanza, 1986). En 1979 se introduce en América Central, en parcelas experimentales en Costa Rica, y a partir de 1984 se siembra en Panamá. En el Campo Experimental del Subcentro Pacífico Marciaga, El Coco, Distrito de Penonomé, Provincia de Coclé, se siembra a partir de 1993. Como la experiencia con esta especie en Panamá es reciente, se conoce poco sobre su comportamiento en sistema Agroforestal y/o Silvopastoril.

Adicionalmente, después de establecer el sistema, se puede prevenir cáncer de piel de radiación solar fuerte como sombra para ganados criados.

2. Materiales y Métodos

El trabajo consistió en la evaluación de los tratamientos en parcelas experimentales ubicadas en la Finca experimental de El Coco perteneciente al Sub centro Pacífico Marciaga del IDIAP, ubicado en el distrito de Penonomé de la provincia de Coclé (Latitud norte: 8°25'00", Longitud oeste: 80°21'10").

Se utilizó los árboles leguminosos Mangium (*Acacia mangium*) que se han establecido durante unos 13 años en la Finca, se evaluó el crecimiento de la Humidicola (*Brachiaria humidicola*) sembrada dentro de los árboles con el análisis nutritivo en comparación con el crecimiento y el análisis de la Humidicola fuera de los árboles como testigo. Además de estos, también se evaluó análisis de hoja vieja del Mangium como material proteico, para hoja caída, como materia orgánica de la superficie del suelo.

También se realizó análisis de suelo y planta de arroz de acuerdo con el sistema adoptado por el IDIAP (Díaz-Romeu, R y Hunter, A. 1978). Además, se realizó la densidad aparente en cada tratamiento de Humidicola monocultivo y de Humidicola asociada con Mangium como análisis físico del suelo en la estación seca en el mes febrero en el año 2009.

3. Resultados y Discusión

1). Humidicola (*Brachiaria humidicola* CIAT 679) usada

Se estima que el 63% de los suelos de Panamá tienen una fertilidad natural muy baja con problema de toxicidad por aluminio y fijación marcada de fósforo, lo cual es una es una limitante para el desarrollo de pastizales productivos, ya que una parte importante de estas áreas se encuentra cubierta por pasturas degradadas.

Para darle respuesta a esta situación el IDIAP realizó en 1989 la liberación formal de la gramínea *Brachiaria humidicola* CIAT 679, gramínea perenne de hábito semierecto, con numerosos estolones que crecen a ras del suelo. Los tallos son erectos, lanceoladas, en forma de agujas, color verde oscuro que en estado avanzado de madurez las plantas se tornan de color rojizo.

La planta crece hasta un metro de altura formando una densa cobertura. Puede presentar dos floraciones al año, una en los meses de mayo-junio y la otra en los meses de septiembre-octubre. El pasto se desarrolla bien en regiones con precipitaciones anuales de 850 mm y altitudes menores a los 800 m.s.n.m, además en amplios rangos de clases de suelos. Presenta una gran adaptabilidad y persistencia en suelos de baja fertilidad y tolera mejor que otras gramíneas tropicales las situaciones inundadas.

Foto N°4-3-1. Condición del cultivo de pasto Humidicola (*Brachiaria humidicola*) en la finca experimental de El Coco, 2007.

2). Fotos del crecimiento de la planta Humidicola en los dos tratamientos de Humidicola monocultivo y Humidicola asociada con Mangium

Las Fotos N°4-3-1 y N°4-3-2 muestran la condición del cultivo de pasto Humidicola y Humidicola dentro de los árboles leguminosos Mangium, respectivamente.

Foto N°4-3-2. Condición del cultivo de pasto Humidicola (*Brachiaria humidicola*) dentro los árboles leguminosos Mangium (*Acacia mangium*) establecida como un sistema silvopastoril en la finca experimental de El Coco, 2008.

3). Análisis física-química del suelo

La Tabla N°4-3-1 muestra los resultados del análisis de suelo antes de la siembra de arroz. Se observó que había bajo contenido de arcilla, por el contrario, alto contenido de arena (más de 50%). Especialmente, el contenido de arena en Mangium fue más alto que el en Humidicola.

Tabla N°4-3-1. Característica física-química del suelo en la época de 6 de junio de 2007.

Muestra de suelo Profundidad (0-15cm)	Granulametría			pH H_2O 1;1	Disponible		Intercambiable			CICE[*]	Materia Orgánica
	Arena	Limo	Arcilla		P	K	Ca	Mg	Al		
	(%)				(mg/L)		$cmol_c/kg$				(%)
Humidicola	62.0	22.0	16.0	5.5	2.0	39.0	1.6	0.7	0.1	2.4	0.80
Humidicola + Acacia	66.0	20.0	14.0	5.4	13.0	152.0	4.1	1.3	0.1	5.5	1.61

Nota: Análisis realizados en el Laboratorio de suelos del IDIAP en Divisa.

Métodos analíticos: pH en agua (1:1); P y K= Extractor Mehlich 1 (0.05M HCl + 0.0125M H_2SO_4); Ca, Mg y Al = Extractor KCl al 1M; M.O. = Materia Orgánica (Walkey-Black modificado); Análisis física = Bouyoucos. CICE[*] =Capacidad de Intercambio Catiónico Efectiva (Ca+Mg+K+Al).

Por otra parte, aunque se encontró un valor de pH ácido no hubo problemas de alta saturación de aluminio en estos suelos. Además, el contenido de materia orgánica en la Humidicola asociada con Mangium fue más alto que el contenido en la Humidicola monocultivo, y fue de 1.61%.

Tabla N°4-3-2. Valores de la Densidad aparente en los dos tratamientos de Humidicola monocultivo y de Humidicola asociada con Mangium.

	Identificación	Peso total (g)	Peso aluminio (g)	Peso total - peso aluminio	Densidad aparente (0-10cm)	**Promedio**
Humidicola monocultivo	1	205.7	2.1	203.6	**1.49**	
	2	216.6	2.6	214.0	**1.57**	
	3	210.3	2.7	207.6	**1.52**	**1.53**
Humidicola asociada con Acacia	1	216.0	2.6	213.4	**1.57**	
	2	208.0	2.6	205.4	**1.51**	
	3	208.0	2.3	205.7	**1.51**	**1.53**

Nota: Cálculo de la Densidad aparente: (Peso total-peso aluminio) dividido por 136.6[*]

La Profundidad fue de 0-10cm para el muestreo.

Diámetro del Volumen del cilindro fue de 5.28cm. Altura del Cilindro fue de 6 cm.

Área del Volumen = un medio de diámetro por π (=3.14): $(5.38\div2)^2 \times 3.14 = 22.7$ cm^2

V = Área del Volumen × Altura: $22.7 \times 6 = 136.3$ (cm^3=ml=cc).

La Tabla Nº4-3-2 muestra los valores de la Densidad aparente en los dos tratamientos de Humidicola monocultivo y de Humidicola asociada con Mangium. Del resultado no se observó la diferencia para el valor medio entre los dos tratamientos, se considera que es un suelo pesado como característica física del suelo.

Dentro de la estación lluviosa el suelo se va a mejorar con ser liviano por bastante lluvia y se puede cultivar arroz a secano y pastos gramíneos tales como Humidicola y Andropogon...etc.

4). Materia seca de la Humidicola

La Figura Nº4-3-1 muestra materia seca de la Humidicola en los tratamientos de Humidicola monocultivo y Humidicola asociada con Mangium en las épocas de estación lluviosa inicial y final, respectivamente. Al comparar la materia seca en la época de estación lluviosa inicial, se observó alta producción en la estación final (inicio de diciembre), notablemente.

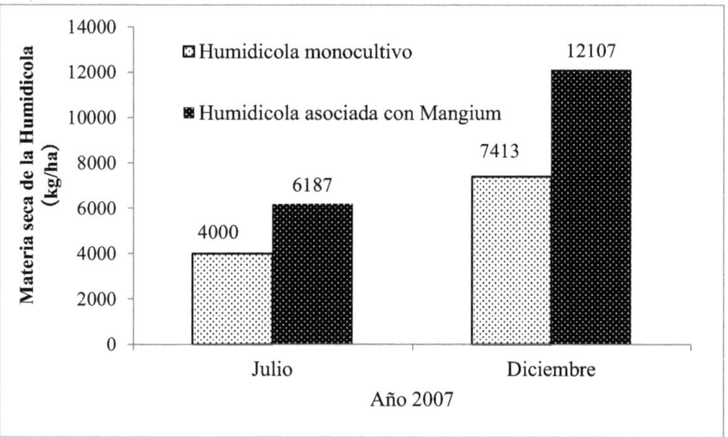

Figura Nº4-3-1. Materia seca de la Humidicola en los tratamientos de Humidicola monocultivo y Humidicola asociada con Mangium.

Por fin, se considera que el crecimiento fue notable por la precipitación abundante (se registró alrededor de 1900 mm en el año 2007), por lo que la producción de biomasa aumentó.

A continuación, al comparar cada tratamiento, la materia seca de la Humidicola en el tratamiento de Humidicola asociada con Mangium fue más alta que la materia en el tratamiento de Humidicola monocultivo, relativamente, en realidad, se observó la materia seca de alrededor de 1.55 veces en el julio y 1.63 veces en el diciembre en el tratamiento de Humidicola monocultivo para la materia seca del tratamiento de Humidicola asociada con Mangium.

Por fín, se considera suministro del nitrógeno por la fijación biológica de este elemento del aire, tomando en cuenta que el Mangium es un árbol leguminoso, y se mueven los nutrientes lixiviados en la profundidad del suelo por raíces desarrollados del árbol, y se los suministra al pasto Humidicola. Además, la hoja del Mangium se cae a la superficie del suelo, y va a cubrir acá.

Con el tiempo, los nutrientes contenidos en la hoja se van a reciclar y suministrar al pasto. Como resultado, se considera que se influenció a la producción de biomasa de la Humidicola en el tratamiento de Humidicola asociada con Mangium.

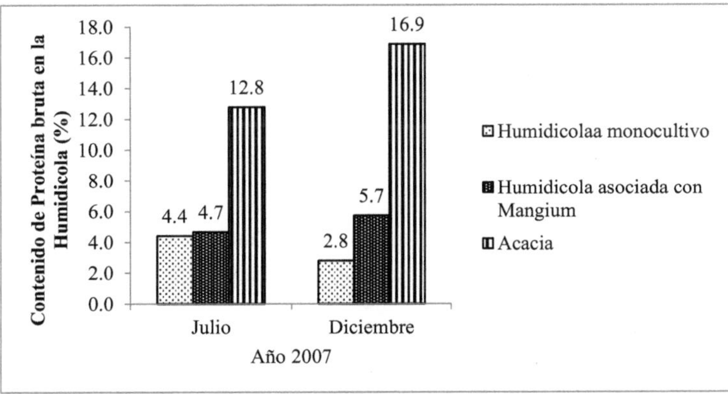

Figura N°4-3-2. Contenido de la proteína bruta en las plantas de la Humidicola en los tratamientos de Humidicola monocultivo y Humidicola asociada con Mangium y del Mangium (hoja vieja).

5). Contenido de la proteína bruta y los cuatro nutrimentos en la Humidicola y la hoja vieja del Mangium

5)-1. Comparación de la proteína bruta

La Figura N°4-3-2 muestra contenido de proteína bruta en la Humidicola en los tratamientos de Humidicola monocultivo y de Humidicola asociada con Mangium, y en la hoja vieja del Mangium, respectivamente. El contenido de la proteína en la Humidicola en el tratamiento de Humidicola asociada con Mangium fue más alto que el contenido en el tratamiento de Humidicola monocultivo, relativamente, especialmente, se observó doble veces en el inicio de diciembre.

Por el contrario, se considera que reconoció un efecto diluido por bastante lluvia en la estación lluviosa para el contenido de proteína bruta en la Humidicola en el tratamiento de Humidicola monocultivo.

Por otra parte, se observó tres veces de la Humidicola para el contenido de proteína bruta de la hoja de Mangium, aunque la hoja fue vieja, teniendo en cuenta la planta leguminosa. Por eso, después de descomponerla con agregar el nitrógeno químico adecuado, se podrá esperar un reciclaje del nitrógeno en el sistema.

5)-2. Comparación del P

La Figura N°4-3-3 muestra el contenido del P en la Humidicola en los tratamientos de Humidicola monocultivo y de Humidicola asociada con Mangium, y en la hoja vieja del Mangium, respectivamente. El contenido de la proteína en la Humidicola en el tratamiento de Humidicola asociada con Mangium fue más alto que el contenido en el tratamiento de Humidicola monocultivo, relativamente. Especialmente, a diferencia del caso de la proteína bruta, el valor de la hoja vieja de Mangium fue más bajo, y fue más alto para el contenido en la Humidicola en el tratamiento de Humidicola asociada con Mangium.

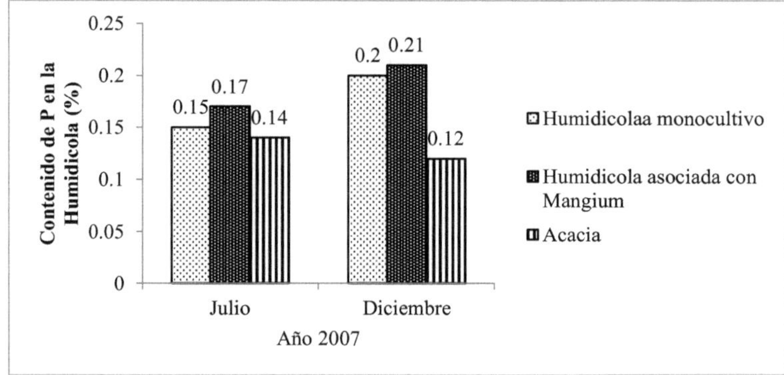

Figura N°4-3-3. Contenido de P en las plantas de la Humidicola en los tratamientos de Humidicola monocultivo y Humidicola asociada con Mangium y del Mangium (hoja vieja).

5)-3. Comparación del K

La Figura N°4-3-4 muestra el contenido del K en la Humidicola en los tratamientos de Humidicola monocultivo y de Humidicola asociada con Mangium, y en

la hoja vieja del Mangium, respectivamente, se observó la tendencia semejante con la
Proteína bruta. Pero, no se observó gran diferencia entre la planta de la Humidicola en los
dos tratamientos de Humidicola monocultivo y Humidicola asociada con Mangium y de
hoja vieja del Mangium en el inicio de diciembre. De todos modos, se considera un efecto
diluido por bastante lluvia.

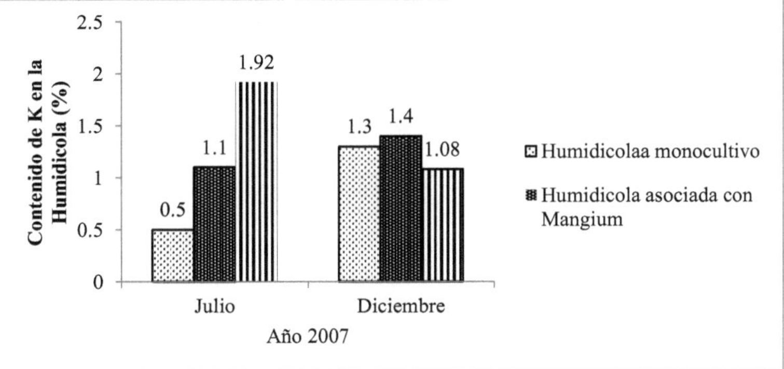

Figura Nº4-3-4. Contenido de K en las plantas de la Humidicola en los tratamientos de
Humidicola monocultivo y Humidicola asociada con Mangium y del Mangium (hoja
vieja).

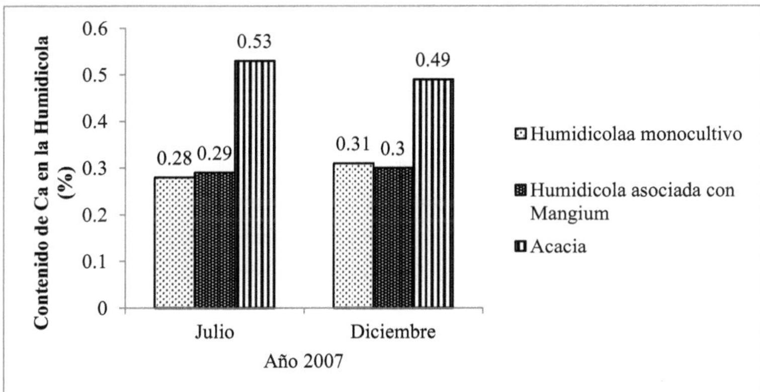

Figura Nº4-3-5. Contenido de Ca en las plantas de la Humidicola en los tratamientos de
Humidicola monocultivo y Humidicola asociada con Mangium y del Mangium (hoja
vieja).

5)-4. Comparación del Ca y Mg

La Figura Nº4-3-5 muestra el contenido del Ca en la Humidicola en los
tratamientos de Humidicola monocultivo y de Humidicola asociada con Mangium, y en

la hoja vieja del Mangium, respectivamente, para el contenido del Mg en la Figura Nº4-3-6. El contenido de Ca en la hoja vieja del Mangium fue más doble alto que el contenido en la Humidicola. Al igual que el caso del contenido del Ca, el contenido del Mg en la hoja del Mangium fue más alto que el contenido de la Humidicola, respectivamente. Además, el valor en el diciembre fue poco más bajo que el valor en el junio para los Ca y Mg en la hoja vieja del Mangium. Se considera un efecto diluido por bastante lluvia y gran producción de las hojas en los árboles.

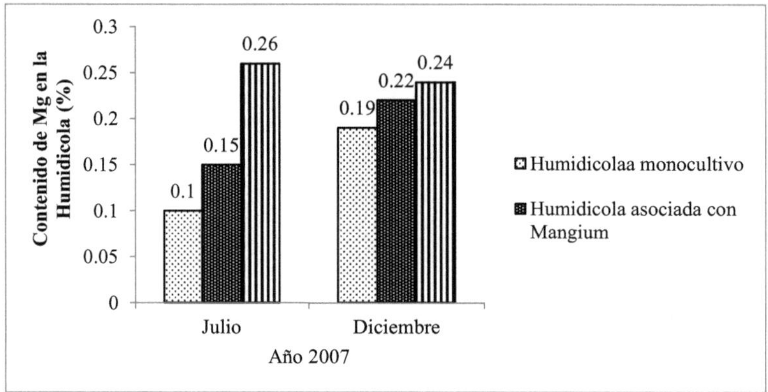

Figura Nº4-3-6. Contenido de Mg en las plantas de la Humidicola en los tratamientos de Humidicola monocultivo y Humidicola asociada con Mangium y del Mangium (hoja vieja).

De todos modos, se puede utilizar como el lugar de descanso para ganados criados en la región donde se estableció el sistema silvopastoril, y al mismo tiempo, se puede aprovechar los excrementos con el fin de ofrecer la materia orgánica al campo. Además, si las hojas caídas se pueden funcionar como materia orgánica, se considera aumento de la utilización efectiva del P con reciclaje de los nutrientes.

4. Posibilidad de establecimiento de sistema agroforestal

Después de establecimiento del sistema silvopastoril por el Mangium (*Acacia mangium*), se puede convertir al sistema agroforestal en una parte del área silvopastoril tal como cultivos en callejones. Para el Mangium, se puede aprovechar como árbol abonado y el autor intento el cultivo de arroz de secano con diferentes niveles de la aplicación nitrogenada química dentro del Mangium como sistema en callejones y fuera del mismo árbol como Testigo. Lo explico en el **4.** en el mismo Capítulo.

5. Conclusiones

1. En realidad, se observó la materia seca de unos 1.55 veces en el julio y 1.63 veces en el diciembre en el tratamiento de Humidicola monocultivo para la materia seca del tratamiento de Humidicola asociada con Mangium. El contenido de la proteína en la Humidicola en el tratamiento de Humidicola asociada con Mangium fue más alto que el contenido en el tratamiento de Humidicola monocultivo, relativamente, especialmente, se observó doble veces en el inicio de diciembre.

2. Por el contrario, se considera que reconoció un efecto diluido por bastante lluvia en la estación lluviosa para el contenido de proteína bruta en la Humidicola en el tratamiento de Humidicola monocultivo.

3. Por otra parte, se observó tres veces de la Humidicola para el contenido de proteína bruta de la hoja de Mangium, aunque la hoja fue vieja, teniendo en cuenta la planta leguminosa. Por eso, después de descomponerla con agregar el nitrógeno químico adecuado, se podrá esperar un reciclaje del nitrógeno en el sistema.

4. Para los cuatro nutrimentos, el contenido de la Humidicola en el tratamiento de Humidicola asociada con Mangium fue más alto que el contenido en el tratamiento de Humidicola monocultivo, relativamente.

5. Se puede utilizar los nutrientes lixiviados en la profundidad del suelo como bomba para los árboles Mangium, y establecer un sistema del reciclaje.

Referencias

1) Diaz, Romeu; Hunter, A. 1978. Metodologías de muestreo de suelos; análisis químico de suelos de tejidos vegetal y de investigaciones en invernadero. Casa editorial, Turrialba, Costa Rica. 62 p.
2) Handbooks Reference Methods for Soil Testing. 1980. Segunda edition University of Georgia. Athens, Georgia. 130 p.
3) Tomita, K. y J. Villarreal. 2019. Aumento de alta calidad de la Brachiaria (*Brachiaria humidicola*) por asociación del árbol Leguminoso Mangium (*Acacia mangium*): - sistema silvopastoril en un suelo Inceptisol, Panamá. ALFA, Revista de Investigación en Ciencias Agronómicas y Veterinarias mayo-agosto Vol. (3) (8): 93-102.

4. Cuatro niveles del N en el cultivo de arroz asociado con Mangium (*Acacia mangium*) en callejones (Sistema agro-silvopastoril N°2)

1. Introducción

Por otra parte, el Mangium (*Acacia mangium*), es un árbol leguminoso, rubusto de fácil establecimiento en plantaciones. La habilidad de fijar nitrógeno y el aporte de hojarasca en forma abundante, colocan a la especie como de alto potencial para la recuperación de suelos degradados (CATIE, 1986). En 1979 se introduce en América Central, en parcelas experimentales en Costa Rica, y a partir de 1984 se siembra en Panamá. En el Campo Experimental del Subcentro Pacífico Marciaga, El Coco, Distrito de Penonomé, Provincia de Coclé, se siembra a partir de 1993. Como la experiencia con esta especie en Panamá es reciente, se conoce poco sobre su comportamiento en sistema Agroforestal.

2. Materiales y métodos

1). Variedad utilizada del arroz y la fertilización

Sobre el cultivo de arroz de secano (La Variedad: IDIAP145-05), se evaluaron los 4 tratamientos de N (0, 30, 60 y 100kg/ha) en parcelas instaladas debajo de los árboles Mangium plantados (Tienen cerca de 13 años) y un Testigo fuera de la plantación, a los cuales se les llamó Mangium y Fuera, respectivamente). Se empleó parcela subdividida como diseño experimental, siendo la parcela principal el tratamiento de N al azar con 3 réplicas.

El ensayo consistió en la siembra de parcelas de arroz bajo secano en cuatro niveles de N (0, 30, 60 y 100 kg/ha). La fertilización básica fue en base a DAP y fertilización adicional de Urea dentro y fuera de los árboles del Mangium bajo el sistema de cero labranza. La variedad utilizada fue IDIAP 145-05. La siembra se realizó al voleo, utilizando una dosis de 113 kg/ha de semilla, la misma fue ajustada de acuerdo con el porcentaje de germinación y pureza dentro y fuera de los árboles.

2). Manejo de la fertilidad del suelo y control de maleza y plaga

Se realizó la fertilización de fósforo, potasio, magnesio y azufre, y el control de maleza y plaga de acuerdo con el sistema convencional del IDIAP. También se realizó análisis de suelo y planta de arroz de acuerdo con el sistema adoptado por el IDIAP (DIAZ- ROMEU y HUNTER, 1978).

3. Resultados y discusión

1). Análisis físico-químico del suelo

La Tabla Nº4-4-1 muestra los resultados del análisis de suelo antes de la siembra de arroz. Se observó que había bajo contenido de arcilla, por el contrario, alto contenido de arena (más de 50%). Especialmente, el contenido de arena en Mangium fue más alto que el en Fuera.

Por otra parte, aunque se encontró un valor de pH ácido no hubo problemas de alta saturación de aluminio en estos suelos. Además, el contenido de materia orgánica fue cerca de 1% en los dos tratamientos.

Tabla Nº4-4-1. Característica físicas-química de los suelos antes de la fertilización y la siembra.

Muestra de suelos	Granulometría			pH	Disponible		Intercambiables			CICE	M.O.
Profundida	Arena	Limo	Arcilla	H_2O	P	K	Ca	Mg	Al		
(0-15cm)	(%)			1;1	(mg/L)		$cmol_c$/kg				(%)
Fuera	74.0	12.0	14.0	4.9	3.0	59.0	2.9	1.0	0.2	4.1	1.20
Mangium	81.0	15.3	3.3	5.2	2.0	35.0	3.6	1.3	0.1	5.0	1.10

: Análisis realizados en el Laboratorio de suelos del IDIAP en Divisa.

Métodos analíticos: pH en agua (1:1); P y K = Extractor Mehlich No1 (0.05M HCl + 0.0125M H_2SO_4); Ca, Mg y Al = Extractor KCl al 1M; CICE = Ca+Mg+Al; M.O. = Materia Orgánica (Walkey-Black modificado); Análisis física = Bouyoucos.

Fuera: Fuera del Mangium (*Acacia mangium*), Mangium: Dentro del Mangium (*Acacia mangium*).

2). Resultados del rendimiento del grano

Las Fotos Nº4-4-1, Nº4-4-2 y Nº4-4-3 muestran la condición del cultivo de arroz, respectivamente. Para la Foto Nº4-4-1, escenario vegetativo del arroz de secano, con diferentes niveles del N en la Fuera del Mangium, al aplicar 100kgN/ha, se observó color verde oscuro en la hoja bandera (para la Fuera, mismo con el tratamiento en **el experimento 3 en el Capítulo II** como ahorro del financiero para experimentar). Por otra parte, se observó verde oscuro en la hoja bandera al aplicar 60kgN/ha en la Mangium (ver la Foto Nº4-4-2).

Foto N°4-4-1. Escenario vegetativo del arroz, con niveles del N en la Fuera, 2008.

Foto N°4-4-2. Escenario vegetativo del arroz, con niveles del N dentro del Mangium, 2008.

La Figura N°4-4-1 muestra la dinámica del rendimiento del grano de acuerdo con la fertilización nitrogenada química en Fuera y en Mangium. Se observó que hubo diferencia significativa al 1% en el tratamiento de Mangium y de Fuera, mientras que al 5% en el tratamiento de niveles de N. El rendimiento en Mangium fue más alto que el en Fuera. Pero, se observó que el rendimiento en Mangium bajó por la fertilización de 100kgN/ha, y al aplicar 6kgN/ha fue el más alto rendimiento.

Foto Nº4-4-3. Cerca de la cosecha de arroz debajo de los árboles Mangium, 2008.

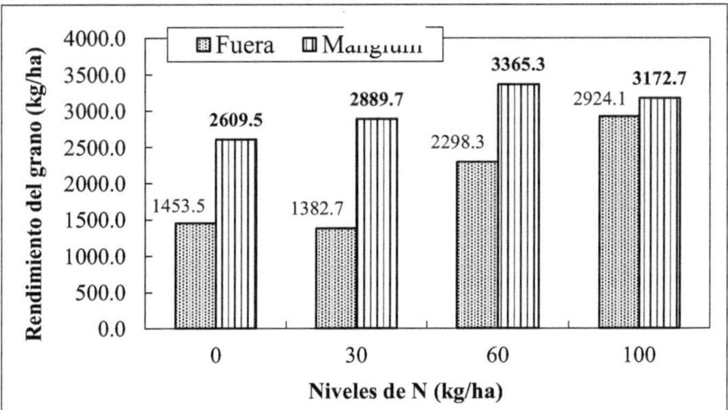

Figura Nº4-4-1. Dinámica de rendimiento del grano de acuerdo con la fertilización nitrogenada química en Fuera y en Mangium.

3). Dinámica de la materia orgánica en el suelo a los 65 días después de la siembra

La Figura Nº4-4-2 muestra la dinámica de la materia orgánica en el suelo a los 65 días después de la siembra de acuerdo con la fertilización nitrogenada química en Fuera y en Mangium. El contenido aumentó de acuerdo con la fertilización y el contenido en Mangium fue más alto que Fuera. Los valores promedios de la materia orgánica en Fuera y en Mangium fueron de 1.3 y 1.8, respectivamente. Se considera que la hoja caída de Mangium fue descompuesta por la alta fertilización nitrogenada química, acumulándose como materia orgánica del suelo, aunque no se observó diferencia estadística significativa entre Fuera y Mangium.

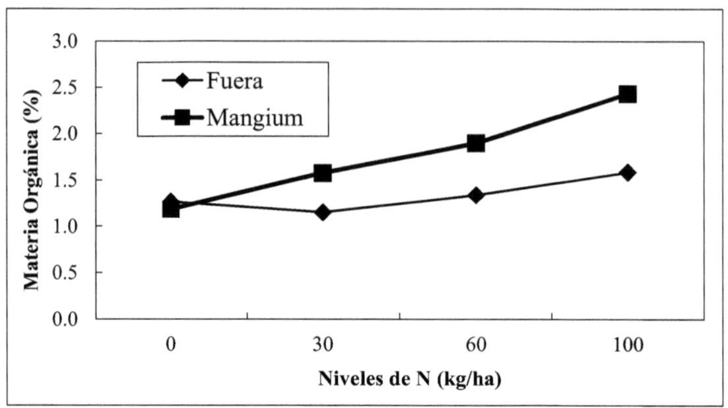

Figura N°4-4-2. Dinámica de la materia orgánica de acuerdo con la fertilización nitrogenada química en Fuera y en Mangium.

4). Dinámica del N absorbido en la planta de arroz a los 65 días después de la siembra

La Figura N°4-4-3 muestra la dinámica del N absorbido en la planta de arroz de acuerdo con la fertilización nitrogenada química a los 65 días después de la siembra en Fuera y en Mangium. Se observó que hubo diferencia significativa al 1% en cada tratamiento de Mangium y de Fuera, y niveles de N. El N en Mangium fue más alto que el en Fuera. Pero, se observó que la absorción nitrogenada en Mangium bajó por la fertilización de 100kgN/ha al igual que en la Figura N°4-4-1. Se considera que la fertilización de 100kgN/ha fue excesiva para el arroz en Mangium.

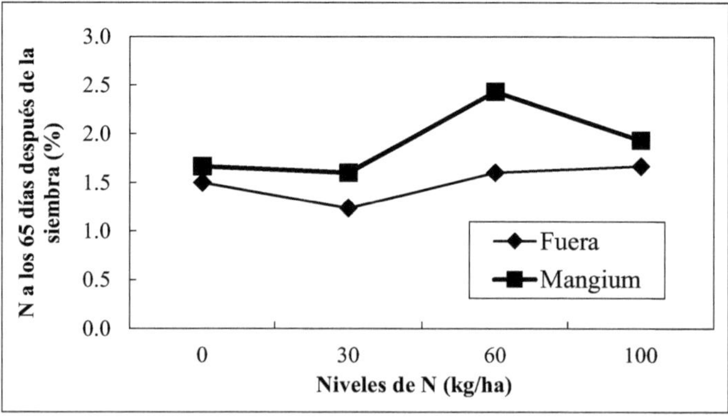

Figura N°4-4-3. Dinámica de N absorbido en la planta de arroz a los 65 días después de la siembra de acuerdo con la fertilización nitrogenada química en Fuera y en Mangium.

4. Conclusiones

1. Se observó que hubo diferencia significativa al 1% en el tratamiento de Mangium y de Fuera, mientras que al 5% en el tratamiento de niveles de N. El rendimiento en Mangium fue más alto que el en Fuera.

2. Se observó que el rendimiento en Mangium bajó por la fertilización de 100kgN/ha, y fue el más alto rendimiento al aplicar 60kgN/ha. Se considera que la fertilización de 100kgN/ha fue excesiva para el arroz en Mangium.

3. Se observó que hubo diferencia significativa al 1% en cada tratamiento de Mangium y de Fuera, y niveles de N. El N en Mangium fue más alto que el en Fuera.

4. El contenido de la materia orgánica en el suelo aumentó de acuerdo con la fertilización nitrogenada y el contenido en Mangium fue más alto que Fuera. Se considera que la hoja caída de Mangium fue descompuesta por la alta fertilización nitrogenada química, acumulándose como materia orgánica del suelo, aunque no se observó diferencia estadística significativa entre Fuera y Mangium.

Referencias

1) Diaz, Romeu; Hunter, A. 1978. Metodologías de muestreo de suelos; análisis químico de suelos de tejidos vegetal y de investigaciones en invernadero. Casa editorial, Turrialba, Costa Rica. 62 p.
2) Handbooks Reference Methods for Soil Testing. 1980. Segunda edition University of Georgia. Athens, Georgia. 130 p.
3) Tomita, K. y J. Villarreal. 2009. Efecto de cuatro niveles de N en el cultivo de arroz asociado con Acacia en un Inceptisol, Panamá. Sociedad Colombiana de la Ciencia del Suelo. Bogotá, Colombia. Suelos Ecuatoriales. Vol. **39** (2):152-156.

5. Efecto de cuatro niveles de nitrógeno en el cultivo de arroz de secano en el suelo seco y el húmedo

1. Introducción.

Gran parte de los suelos del Arco Seco de la República de Panamá han sido identificados como suelos degradados, con baja fertilidad (ANAM: Autoridad Nacional del Ambiente, 2004).

El trabajo consistió en la evaluación de los tratamientos en parcelas experimentales ubicadas en la finca experimental de El Coco, Subcentro Pacífico Marciaga del IDIAP, ubicado en el distrito de Penonomé, provincia de Coclé, sobre un suelo clasificado en **la familia fino, mezclado, isohipertérmico, Aeric Tropaquept**. El clima del sitio se caracteriza por ser tropical húmedo, con promedio de 1480 mm de precipitación al año, con una temperatura promedio que oscila entre 20 y 35°C.

Actualmente, ya no es sostenible la producción de arroz bajo el sistema de secano, y en realidad, tiene mucha diversidad como los suelos secos y los suelos húmedos. Por eso, se observa la diferencia del rendimiento del grano en el suelo que tiene humedad que el rendimiento en el suelo seco, relativamente. Además, también se observó la diferencia del rendimiento, tomando en cuenta cambio de la lluvia durante dos años. Se evaluó la diferencia del rendimiento entre los suelos mencionados durante dos años (2007-2008), y concluyeron el manejo del cultivo en Llanos de Coclé.

2. Materiales y Métodos

1). Planificación del experimento y fertilización en el primer año

Se evaluaron 4 niveles de N (primer año: 0, 25, 50 y 100kgN/ha; segundo año: 0, 30, 60 y 100kg/ha) y en el cultivo de arroz bajo secano en el suelo seco y el suelo húmedo con 3 réplicas en Llanos de Coclé en Panamá durante dos años (2007-2008).

En el primer ciclo de producción de arroz (2007), la siembra se realizó al voleo y la cantidad fue de 113kg/ha de semilla, ajustada de acuerdo el porcentaje de germinación. Se utilizó la urea como fuente de N, distribuida en tres partes: al momento de la siembra es de 0, 7.5, 15 y 30kgN/ha (un tercio); a los 35 y 60 días de sembrado son de 0, 7.5, 15 y 30kgN/ha (un tercio) y 0, 10, 20 y 40kgN/ha (un tercio);, respectivamente. Las dosis de

P_2O_5 (80 kg/ha: Fuente fue el SFT) se aplicó al voleo al momento de la siembra, al igual que una dosis a base de K_2O (20kg/ha: Fuente fue el Sulfomag) de acuerdo con análisis de suelos antes de la siembra de arroz. Segunda aplicación de K_2O (30 kg/ha: Fuente fue el KCl) se aplicó a 35 después de la siembra.

2). Manejo de la fertilización en el segundo año

En el segundo ciclo de producción de arroz (2008), la siembra se realizó al voleo y la cantidad fue de 113kg/ha de semilla, ajustada de acuerdo el porcentaje de germinación. Se utilizaron el DAP como abono nitrogenado principal: al momento de la siembra es de 0, 30, 30 y 30kgN/ha; y la urea como abono nitrogenado adicional: a los 35 y 60 días de sembrado son de 0, 0, 15 y 35kgN/ha (un tercio) y 0, 0, 15 y 35kgN/ha (un tercio);, respectivamente. Las dosis de P_2O_5 (80 kg/ha: Fuente fue el DAP) se aplicó al voleo al momento de la siembra (el SFT se utilizó en el tratamiento de 0kgN/ha), al igual que una dosis a base de K_2O (30 kg/ha: Fuente fue el KCl más 20kg/ha: Fuente fue el Sulfomag).

3). Análisis físico-químico del suelo y análisis de tejido vegetal

Para la caracterización físico-química del suelo, se tomaron muestras de 0-20 cm de profundidad en cada tratamiento antes de la siembra y después de la cosecha de arroz. A cada muestra se le hicieron análisis de pH, materia orgánica y bases intercambiables según metodología para análisis descrito por Díaz, Romeo y Hunter (1978). La extracción de P y K se efectuó con la solución de Mehlich No1 (0.05M HCl + 0.0125M H_2SO_4) (suelo : agua = 1:1) (The Council on soil testing and analysis, 1980).

4). Evaluación agronómica y análisis foliar para la planta

Se evaluó el rendimiento de grano con 14% de la humedad, determinación del grano seco. Además, se tomó biomasa seca en cada tratamiento para análisis de hoja bandera (macro y micro nutrimentos) a los 65 días después de la siembra.

5). Control de malezas, plagas y enfermedades

El control de malezas, plagas y enfermedades se realizó de acuerdo con el sistema convencional del IDIAP.

Para el control de malezas se utilizó Round up a razón de 3L/ha antes de la siembra de arroz, y se utilizaron Propanil (STAMPIR 42EC) en 20 de julio y Bentazon 46%

(Basagran 46 SL) a razón de 3L/ha en 8 de agosto, mientras que para la prevención de enfermedad se utilizaron Bio Life 20SL y New-Fol-Ca SL como antibiótico a razón de 1L/ha, respectivamente ya que fue observado la contaminación de Bacteriosis.

Además, para el control de falso carbón, se utilizó Dithane NT-80 WP a razón de 1kg/ha, mientras que para el control de insectos se utilizó Ferdrin 65 SL a razón de 1L/ha, respectivamente en 21 de septiembre.

Finalmente, se utilizó Triasophos 40EC a razón de 1L/ha con 100ml de Adherente 810SL como agente mojado (wetting agent) para proteger el ataque de ácaro (*Steneotarsonemus spinki*) en 2 de octubre (para el Ácaro, informa en el Capítulo V).

6). Tratamiento estadístico en el experimento

El modelo estadístico básico utilizado fue el de parcelas divididas (SAS). Como diseño, fue de 3 (tipo del suelo) x 4 (Nitrógeno) x 3 repeticiones = 36 tratamientos. Para ello se realizó análisis de varianza cuando se detectaron diferencias entre los distintos tratamientos. Para relacionar las respuestas en rendimientos con las dosis de fertilización de N considerando de cada barbecho, se utilizó el análisis de regresión.

Tabla Nº4-5-1. Característica físico-química de los suelos antes de la fertilización

Muestra de suelos	Granulometría			pH	Disponible		Intercambiables			CICE	M.O.
Profundida	Arena	Limo	Arcilla	H_2O	P	K	Ca	Mg	Al		
(0-15cm)	(%)			1;1	(mg/L)		$cmol_c$/kg				(%)
Seco	74.0	14.0	12.0	5.6	3.0	94.0	1.9	1.0	0.1	3.0	1.07
Húmedo	58.0	18.0	24.0	6.0	10.0	28.0	4.6	1.3	0.1	6.0	0.67

: Análisis realizados en el Laboratorio de suelos del IDIAP en Divisa.

Métodos analíticos: pH en agua (1:1); P y K = Extractor Mehlich Nº 1 (0,05M HCl + 0,0125M H_2SO_4); Ca, Mg y Al = Extractor KCl al 1M; CICE = Ca+Mg+Al; M.O. = Materia Orgánica (Walkey-Black modificado); Análisis física = Bouyoucos.

3. Resultados y discusión.

1). Análisis de suelos antes de la siembra y fertilización en el primer año.

La Tabla Nº4-5-1 muestra los resultados del análisis de suelos antes de la siembra de arroz y la fertilización en el primer ciclo del cultivo de arroz. Se observó un bajo contenido de arcilla (12,0%) y alto contenido de arena (74,0%) en el suelo seco en comparación con el suelo húmedo que fue de 58,0% de arena y de 24,0% de arcilla. Por otra parte, el contenido de P disponible y Ca intercambiable en el suelo húmedo fue más alto que el contenido en el suelo seco. Se considera la influencia del contenido de arcilla en los suelos mostrados. El contenido de M.O. fue de 0,67(%) en el suelo húmedo.

2). Rendimiento de grano de arroz

Las Fotos N°4-5-1 y N°4-5-2 muestran la condición del cultivo de arroz de secano en el escenario vegetativo y cerca de la cosecha, respectivamente. Especialmente, en el escenario vegetativo, se observó la diferencia del color verde para la hoja bandera por diferentes niveles del N químico aplicado.

Foto N°4-5-1. Escenario vegetativo en el cultivo de arroz, 2007.

Foto N°4-5-2. Cerca de la cosecha para el arroz, 2007.

Además, la Foto N°4-5-3 muestra la condición cerca de la cosecha con las tabletas para día de campo, mientras que para la Foto N°4-5-4, la presentación por el autor enfrente de los compañeros panameños en la Finca Experimental.

Foto Nº4-5-3. Condición de la cerca de la cosecha con las tabletas para el día de campo, 2007.

Foto Nº4-5-4. Presentación por el autor enfrente de los compañeros panameños en la Finca Experimental, 2007.

3). Dinámica del rendimiento de grano de arroz entre el suelo seco y húmedo.

La Figura Nº4-5-1 muestra la dinámica del rendimiento del grano de acuerdo con los niveles de N en cada suelo en el primer año. Se observó diferencia significativa al 1% en los niveles de N, solamente. E igualmente, la Figura Nº4-5-2 muestra la dinámica del N absorbido en la hoja bandera a los 65 días después de la siembra de acuerdo con los niveles de N en cada suelo. Pero, de los resultados de análisis de varianza, no se observó diferencia significativa en niveles de N a diferente de la Figura Nº2-4-1. En dos figuras, no se observó la diferencia entre los suelos mencionados.

127

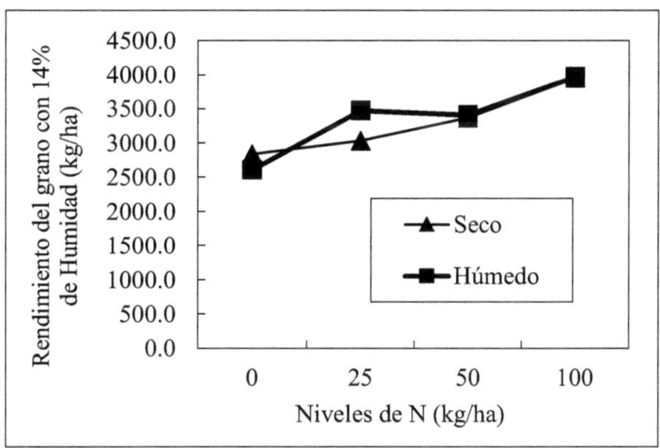

Figura Nº4-5-1. Dinámica del rendimiento del grano de acuerdo con los niveles de N en cada suelo en el primer año.

Se consideró que se observó alta precipitación (cerca de 1900mm por un año) en el año 2007, favoreció para los rendimientos no sólo en el suelo seco sino también en el suelo húmedo.

4). Relación entre el valor de SPAD y rendimiento de grano seco

4)-1. Dinámica del valor de SPAD de acuerdo con N aplicado

La Foto Nº4-5-5 muestra el comportamiento para determinar el valor de SPAD (SPAD: Soil & Plant Analyzer Development) por máquina de Clorofila SPAD-502) en el escenario vegetativo de arroz a los 65 días después de la siembra.

Foto Nº3-2-3-5. Evaluación por el SPAD en el escenario vegetativo, 2007.

En la Figura N°4-5-2 se muestra la dinámica del valor de en hoja bandera a 65 días después de la siembra de acuerdo con diferentes niveles del N, con un coeficiente de correlación significativa al 1%.

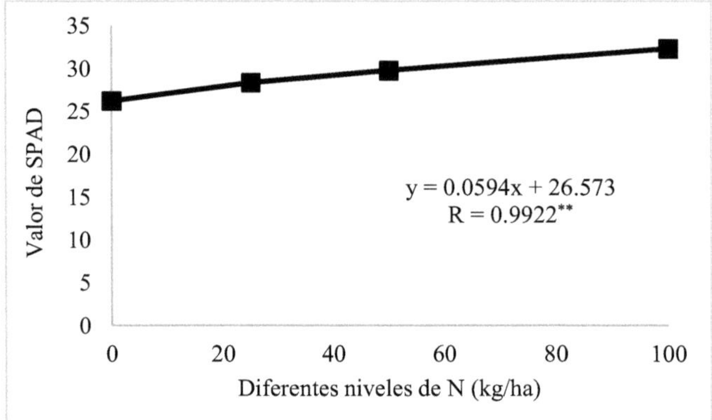

Figura N°4-5-2. Dinámica del valor en hoja bandera a 65 días después de la siembra de acuerdo con diferentes niveles del N.

5). Relación entre el rendimiento y análisis foliar de N

5)-1. Dinámica del análisis foliar de N de acuerdo con diferentes niveles de N

En la Figura N°4-5-3 se muestra la dinámica del contenido foliar de N a los 65 días después de la siembra de acuerdo con diferentes niveles de N, con un coeficiente de correlación significativa al 1%.

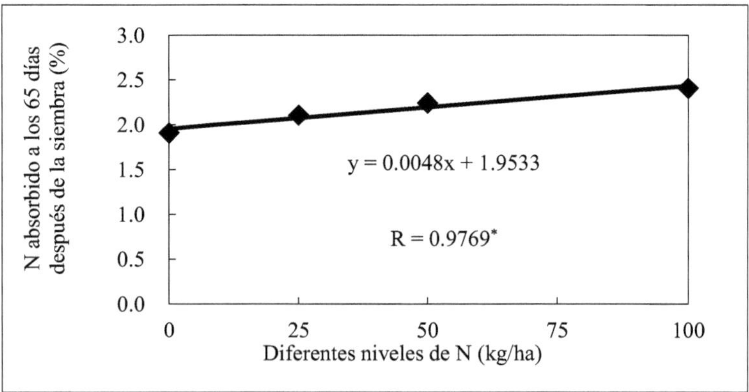

Figura N°4-5-2. Dinámica del análisis foliar de N en hoja bandera a los 65 días después de la siembra de acuerdo con diferentes niveles del N.

5)-2. Análisis de suelos antes de la siembra y fertilización en el segundo año.

La Tabla N°4-5-2 muestra los resultados del análisis de suelos antes de la siembra de arroz y la fertilización en el segundo ciclo del cultivo de arroz. Se observó el contenido de P disponible y Ca intercambiable en el suelo húmedo fue más alto que el contenido en el suelo seco al igual de la Tabla N°2-4-1. Se considera la influencia del contenido de arcilla en los suelos mostrados. El contenido de M.O. en el segundo año fue más alto que el contenido en el primer año en dos suelos mencionados.

Tabla N°4-5-2. Característica físico-química de los suelos antes de la fertilización

Muestra de suelos	pH	Disponible		Intercambiables			CICE	M.O.
Profundida	H₂O	P	K	Ca	Mg	Al		
(0-15cm)	1;1	(mg/L)		cmol_c/kg				(%)
Seco	5.0	3.0	34.9	5.3	1.3	0.1	6.7	1.79
Húmedo	5.4	10.0	20.0	6.0	1.0	0.1	7.1	1.59

: Análisis realizados en el Laboratorio de suelos del IDIAP en Divisa.

Métodos análíticos: pH en agua (1:1); P y K = Extractor Mehlich N° 1 (0,05M HCl + 0,0125M H₂SO₄); Ca, Mg y Al = Extractor KCl al 1M; CICE = Ca+Mg+Al; M.O. = Materia Orgánica (Walkey-Black modificado).

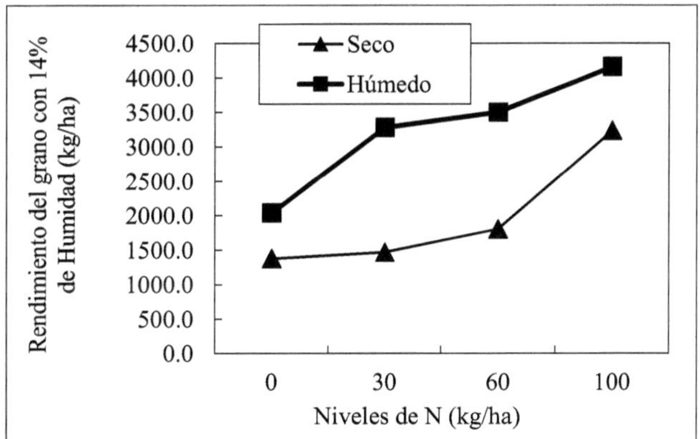

Figura N°4-5-3. Dinámica del rendimiento del grano de acuerdo con niveles de N en cada suelo en el segundo año.

6). Dinámica del rendimiento de grano de arroz entre el suelo seco y húmedo.

La Figura N°4-5-3 muestra la dinámica del rendimiento del grano de acuerdo con niveles de N en cada suelo en el segundo año. Se observó diferencia significativa al 1% no sólo en los niveles de N sino también dos suelos mencionados. A diferente del año anterior, se observó la diferencia del rendimiento de acuerdo con los niveles de N entre dos suelos mencionados, notablemente. Se considera la influencia de la lluvia (la precipitación en el segundo año fue de cerca de 868mm), y el rendimiento en el suelo húmedo se aumentó que el rendimiento en el suelo seco ya que la condición húmeda en el suelo húmedo podía mantener, aunque la duración sequía era prolongada durante estación lluviosa.

De todos modos, se recomienda el cultivo de arroz bajo secano en la región humedad como la utilización efectiva de la tierra teniendo en cuenta cambio de la lluvia por un año. Por otra parte, se recomienda ganado convencional y/o ganado criado con pastos mejorados como en el suelo seco en Llanos de Coclé en Panamá.

4. Conclusiones.

1. Se observó diferencia significativa al 1% en los niveles de N, solamente para el rendimiento del grano en el primer año.

2. De los resultados de análisis de varianza, no se observó diferencia significativa en niveles de N a diferente del caso del rendimiento.

3. En realidad, se observó alto rendimiento en el suelo húmedo más que el rendimiento en el suelo seco, tomando en cuenta menos precipitación (868mm al año) en el segundo año.

Referencias

1) Tomita, K. y J. Villarreal. 2010. Investigación en Los Llanos de Coclé en Panamá: Efecto de 3 Tipos del Suelo, 2 Labranzas y 4 Niveles de N en el Cultivo de Arroz bajo secano). Revista de información y asistencia técnica. Encarnación, Paraguay. El Productor. Vol. **123** (8): 48-52.

2) Tomita, K. y J. Villarreal. 2011. Efecto de 4 niveles de N en el cultivo de arroz bajo secano en suelo seco y suelo húmedo (Primer parte). Revista de información y asistencia técnica. Encarnación, Paraguay. El Productor. Vol. **131**. (4): 53-56.

3) Tomita, K. y J. Villarreal. 2011. Efecto de 4 niveles de N en el cultivo de arroz bajo secano en suelo seco y suelo húmedo (Final). Revista de información y asistencia técnica. Encarnación, Paraguay. El Productor. Vol. **132**. (5): 22, 24, 26.

4) Tomita, K. 2021. Efecto de cuatro niveles de nitrógeno en el cultivo de arroz de secano en diferentes tipos de suelo. Agrárias: Pesquisa e Inovação nas Ciências que Alimentam o Mundo VII. Editora Artimes. 169-178.

6. Efecto de cuatro niveles de nitrógeno y dos niveles de KCl en el cultivo de arroz bajo riego

1. Introducción

El cultivo de arroz bajo riego es muy importante para aumentar el rendimiento y mantener la producción estable en la región donde podemos asegurar agua (Pero, tenemos que evitar sequía de agua subterránea).

Pero, se preocupa Bronzeamiento, teniendo en cuenta aumentándose Fe^{2+} bajo condición de reducción en el suelo para el cultivo de arroz bajo riego en el suelo rojo mineral.

Por eso, es muy importante que prevenga el Bronzeamiento para el cultivo de arroz bajo riego y necesario que planifique el manejo.

2. Materiales y Métodos

Se evaluaron 4 niveles de N (0, 30, 60 y 100kgN/ha) y 2 niveles de K (0 y 40kgK$_2$O/ha: Fuente fue el KCl) en el cultivo de arroz bajo riego con 3 réplicas en Llanos de Coclé en Panamá. La siembra se realizó al voleo y la cantidad fue de 113kg/ha de semilla, ajustada de acuerdo el porcentaje de germinación.

Se utilizaron el DAP como abono nitrogenado principal: al momento de la siembra es de 0, 30, 30 y 30kgN/ha; y la urea como abono nitrogenado adicional: a los 35 y 60 días de sembrado son de 0, 0, 15 y 35kgN/ha (un tercio) y 0, 0, 15 y 35kgN/ha (un tercio);, respectivamente. Las dosis de P$_2$O$_5$ (80 kg/ha: Fuente fue el DAP) se aplicó al voleo al momento de la siembra (el SFT se utilizó en el tratamiento de 0kgN/ha), y se aplicó 20kgS/ha, usando azufre.

Se realizó control de maleza y plaga de acuerdo con el sistema convencional de la Finca Experimental de El Coco del IDIAP, y se realizó análisis de suelo y tejido foliar de la planta de arroz (DIAZ-ROMEU y HUNTER, 1978) en el Laboratorio de Suelos del IDIAP en Divisa.

3. Resultados y Discusión

1). Análisis físico-químico del suelo

La Tabla N°4-6-1 muestra los resultados del análisis de suelos antes de la siembra de arroz y la fertilización en el cultivo de arroz bajo riego. Se observó un bajo contenido de arcilla (23.3%) y alto contenido de arena (60.3%) en el suelo. Por otra parte, el contenido de Ca intercambiable en el suelo fue de 5.2 (cmol$_c$/kg), y el contenido de M.O. fue de 1.10(%) en el suelo húmedo.

Tabla N°4-6-1. Característica físico-química de los suelos antes de la fertilización

Granulometría			pH	Disponible		Intercambiables			CICE	M.O.
Arena	Limo	Arcilla	H$_2$O	P	K	Ca	Mg	Al		
(%)			1;1	(mg/L)		cmol$_c$/kg				(%)
60.3	16.0	23.3	4.5	2.4	37.6	5.2	1.0	0.1	6.3	1.10

Elementos menores			
Mn	Fe	Zn	Cu
(mg/L)			
81.0	58.9	6.8	1.1

: Análisis realizados en el Laboratorio de suelos del IDIAP en Divisa.

Métodos analíticos: pH en agua (1:1); P y K = Extractor Mehlich No1 (0.05M HCl + 0.0125M H$_2$SO$_4$); Ca, Mg y Al = Extractor KCl al 1M; CICE = Ca+Mg+Al; M.O. = Materia Orgánica (Walkey-Black modificado); Análisis física = Bouyoucos.

Foto N°4-6-1. Escenario vegetativo del arroz bajo riego, 2008.

2). Dinámica del rendimiento del grano entre el 0 y 40kgK$_2$O/ha

La Foto N°4-6-1 muestra el escenario vegetativo, con diferentes niveles de los abonos aplicados, mientras que para la Foto N°4-6-2, cerca de la cosecha. En realidad, se observó la diferencia del color verde oscuro con alta aplicación nitrogenada química.

Foto Nº4-6-2. Cerca de la cosecha para el arroz bajo riego, 2009.

La Figura Nº4-6-1 muestra la dinámica del rendimiento del grano de acuerdo la fertilización nitrogenada química entre los tratamientos de 0 y 40kgK$_2$O/ha. De los resultados de análisis de varianza, se observó diferencia significativa al 1% no sólo en los niveles de N sino también en los niveles de K. Se aumentó hasta 3779kg/ha como el rendimiento por la fertilización de 100kgN/ha y de 40kgK$_2$O/ha. Se considera que la fertilización óptima-económica de N y K fue muy importante para asegurar el rendimiento adecuado para el cultivo de arroz bajo riego en la región de Llanos de Coclé en Panamá.

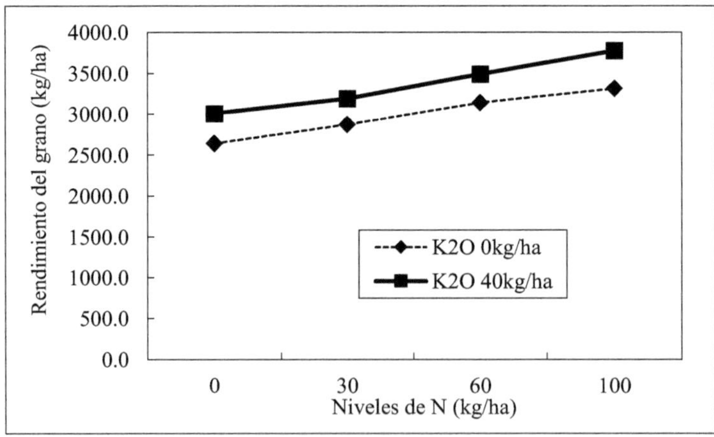

Figura Nº4-6-1. Dinámica del rendimiento del grano de acuerdo con la fertilización nitrogenada química entre los tratamientos de 0 y 40kgK$_2$O/ha.

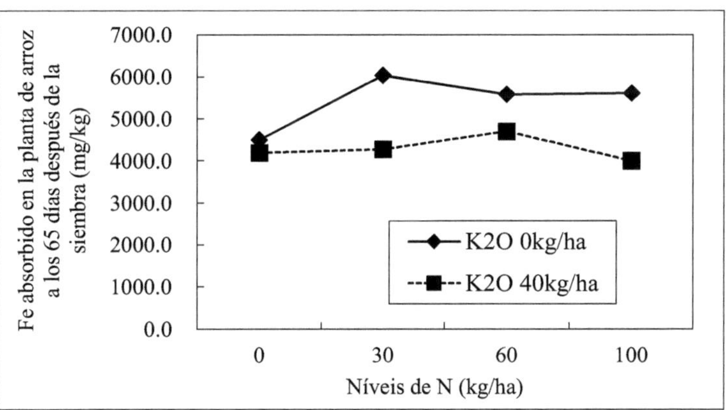

Figura Nº4-6-2. Dinámica del Fe absorbido en la planta de arroz a los 65 días después de la siembra de acuerdo con la aplicación nitrogenada química entre los tratamientos de 0 y 40kgK$_2$O/ha.

3). Dinámica del Fe absorbido en la planta entre el 0 y 40kgK$_2$O/ha

En el experimento, se observó diferencia significativa al 5% sobre la absorción de Fe en la planta de arroz en los tratamientos de K (Figura Nº4-6-2).

Actualmente, por la reducción dentro del cultivo de arroz bajo riego en un suelo mineral rojo, se observa alto contenido del Fe reducido (Fe^{2+}). Se esperará prevenir la absorción elevada de este elemento y Bronzeamiento en la planta de arroz bajo riego por aplicación potásica adecuada en el suelo con la opinión del B. van RAJI y el POTAFOS (1990).

En el experimento, se observó diferencia significativa al 5% sobre la absorción de Fe en la planta en los tratamientos de K. Se considera un efecto inhibido de la absorción de Fe por la fertilización del KCl, y se esperará prevenir la absorción elevada de este elemento y Bronzeamiento en la planta. Actualmente, por presencia de Cl⁻ (Potencial de electrodo normal: **E$_0$=1.40V**), el Fe^{2+} se convertiría al Fe^{3+} (Potencial de electrodo normal: **E$_0$=0.76V**).

Por eso, se considera que existen dos efectos no sólo para el KCl como nutriente en el cultivo de arroz sino también para oxidación del hierro como mejoramiento químico del suelo (ver la Tabla Nº4-6-2).

Tabla Nº4-6-2. Ejemplos de Potencial de electrodo normal en disoluciones ácidas [H^+] = 1M a 25°C.

Potencial de electrodo normal	(E^0 = Voltios)
$K^+ + e^- \rightleftharpoons K$	-0.92
$Ca^{2+} + 2e^- \rightleftharpoons Ca$	-2.70
$Mg^{2+} + 2e^- \rightleftharpoons Mg$	-2.40
$Zn^{2+} + 2e^- \rightleftharpoons Zn$	-0.76
$Fe^{2+} + 2e^- \rightleftharpoons Fe$	-0.34
$H^+ + e^- \rightleftharpoons 1/2\ H_2$	0.00
$TiO^{2+} + 2H^+ + e^- \rightleftharpoons Ti^{3+} + H_2O$	0.04
$SO_4^{2-} + 4H^+ + 2e^- \rightleftharpoons H_2SO_3 + H_2O$	0.14
$1/2\ S_4O_6^{2-} + e^- \rightleftharpoons S_2O_3^{2-}$	0.13
$Sn^{4+} + 2e^- \rightleftharpoons Sn^{2+}$	0.14
$S + 2H^+ + 2e^- \rightleftharpoons H_2S$	0.17
$Cu^{2+} + 2e^- \rightleftharpoons Cu$	0.345
$UO_2^{2+} + 4H^+ + 2e^- \rightleftharpoons U^{4+} + 2H_2O$	0.36
$Cu^{2+} + 2Cl^- + e^- \rightleftharpoons CuCl_2^-$	0.46
$Fe(CN)_6^{3-} + e^- \rightleftharpoons Fe(CN)_6^{4-}$	0.49
$1/2\ I_2 + e^- \rightleftharpoons I^-$	0.54
$HAsO_3 + 2H^+ + 2e^- \rightleftharpoons HAsO_2 + H_2O$	0.57
$Fe^{3+} + e^- \rightleftharpoons Fe^{2+}$	0.76
$Ag^+ + e^- \rightleftharpoons Ag$	0.81
$1/2\ Br_2 + e^- \rightleftharpoons Br^-$	1.07
$O_2 + 2H^+ + 2e^- \rightleftharpoons H_2O_2$	1.08
$IO_3^- + 6H^+ + 6e^- \rightleftharpoons I^- + 3H_2O$	1.09
$1/2\ O_2 + 2H^+ + 2e^- \rightleftharpoons H_2O$	1.23
$MnO_2 + 4H^+ + 2e^- \rightleftharpoons Mn^{2+} + 2H_2O$	1.33
$Cr_2O_7^{2-} + 14H^+ + 6e^- \rightleftharpoons 2Cr^{3+} + 7H_2O$	1.36
$1/2\ Cl_2 + e^- \rightleftharpoons Cl^-$	1.40
$Ce^{4+} + e^- \rightleftharpoons Ce^{3+}$	1.45
$BrO_3^- + 6H^+ + 6e^- \rightleftharpoons Br^- + 3H_2O$	1.48
$MnO_4^- + 8H^+ + 5e^- \rightleftharpoons Mn^{2-} + 4H_2O$	1.50
$MnO_4^- + 4H^+ + 3e^- \rightleftharpoons MnO_2 + 2H_2O$	1.58
$H_2O_2 + 2H^+ + 2e^- \rightleftharpoons 2H_2O$	1.90
$1/2\ F_2 + e^- \rightleftharpoons F^-$	2.80

(Fuente: Información de Química analítica del Japón modificada por el autor)

De todos modos, será muy importante el manejo de la fertilidad del suelo con la aplicación de N y K en el suelo que tiene alto contenido de Fe disponible para el cultivo de arroz bajo riego en la región de Llanos de Coclé en Panamá.

4. Conclusiones.

1. De los resultados de análisis de varianza, se observó diferencia significativa al 1% no sólo en los niveles de N sino también en los niveles de K. Aumentó hasta 3779kg/ha como el rendimiento por la aplicación de 100kgN/ha y de 40kgK$_2$O/ha.

2. Se observó diferencia significativa al 5% sobre la absorción de Fe en la planta de arroz en los tratamientos de K. Como punta de vista de la oxidación-reducción sobre el Fe en el suelo, se convierta del Fe^{3+} al Fe^{2+} por la inundación (bajo riego). Al aplicar el KCl adecuado, se espera prevenir la reducción del Fe, tomando en cuenta más alto valor para el Cl$^-$ (Potencial de electrodo normal: **E$_0$=1.40V**) que el Fe (Fe^{3+} al Fe^{2+}: Potencial de electrodo normal: **E$_0$=0.76V**).

3. Por lo tanto, se pudo bajar la absorción del Fe en la hoja bandera por la aplicación del KCl como 40kgK$_2$O/ha, y espera prevenir el Bronzeamiento para el arroz.

4. De todos modos, será muy importante el manejo de la fertilidad del suelo con la aplicación de N y K en el suelo que tiene alto contenido de Fe disponibles para el cultivo de arroz bajo riego en la región de Llanos de Coclé en Panamá.

Referencias

1) B. Van Rají (Traduzido 1990). Potássio: Necessidade e uso na agricultura moderna, Em: Potash: "Its need & use in modern agriculture", publicado pelo Potash & Phosphate Institute of Canada em 1988. Associação Brasileira para Pesquisa da Potassa e do Fosfato (POTAFOS). Piracicaba-SP. Brasil. pp. 45

2) Tomita, K. y J. Villarreal. 2019. Efecto de cuatro niveles de N y dos niveles de KCl en el cultivo de arroz bajo riego en Llanos de Coclé En Panamá con prevención de Bronzeamiento. ALFA, Revista de Investigación en Ciencias Agronómicas y Veterinarias septiembre-diciembre Vol. **(3) (9)**: 151-159.

7. Evaluación de peso vivo de caprina por aprovechamiento de forrajeros leguminosos

1. Introducción

Es muy importante que sea realizada la producción caprina para ganar leche en países de América Latina tales como Argentina, Brasil, Chile, Colombia, México, Perú, Uruguay y Venezuela. **Por supuesto, también se realiza cría de caprinas con el fin de producir leche en Panamá. Actualmente, se evalúa más alta nutrición para leche de caprinas que leche de vacas para humanos.**

En este artículo se explica los resultados realizados en el Panamá con la posibilidad de establecimiento de un sistema silvopastoril con conservación medio ambiental.

2. Materiales y Métodos

1). Ofrecimiento periódico de forrajero de Baló y de Maní forrajero bajo condición de pastoreo de Humidicola

En el experimento, se realizó ofrecer la hoja del Maní forrajero (ver la Foto N°4-7-1) o de la Baló (ver la Foto N°4-7-2) como dieta proteica a los caprinos, preparando testigo soló la Humidicola (=sin dieta proteica) (ver la Foto N°4-7-3), respectivamente.

Foto N°4-7-1. Maní forrajero (*Arachis pintoi*), 2007

Foto Nº4-7-2. Baló (*Gliricidia sepium*), 2007

(Izquierda: Crecimiento vigoroso en el otro campo, Derecha: Humidicola en el campo experimentado)

Foto Nº4-7-3. Humidicola (*Brachiaria humidicola*), 2007

Foto Nº4-7-4. Peso de hoja (cerca de 500g = 1 Lbs) como dieta fresca

2). Medida periódica de peso vivo para Caprinas

Fue investigado la dinámica de peso vivo de caprino, comiendo hoja del Maní forrajero o del Baló, periódicamente en comparación con el peso de caprino, comiendo Humidicola monocultivo como testigo. La mediación del peso vivo fue realizada mensualmente. Para la Foto N°4-7-4, el peso de la dieta periódica fue de cerca de 500g (1 Lds) como dieta fresca y se ofreció las hojas dentro de 2 a 3 días.

3. Resultados y Discusión

1). Comparación de contenido de N en los forrajeros ofrecidos

La Figura N°4-7-1 muestra el contenido de N em el forrajero del Maní forrajero, del Baló y de la Humidicola, respectivamente. Se observo 6,13 y 4,96% del N para el forrajero del Maní forrajero y del Baló, respectivamente.

Por el contrario, se observó menos de 0,5% del N en Humidicola. La diferencia de diez veces entre el forrajero leguminoso y gramíneo sobre el contenido de N em el experimento se realizó ofreciendo el forrajero del Maní forrajero o del Baló dentro de 2 a 3 días, y se considera que aumentó el peso vivo por mejoramiento nutritivo para caprinos.

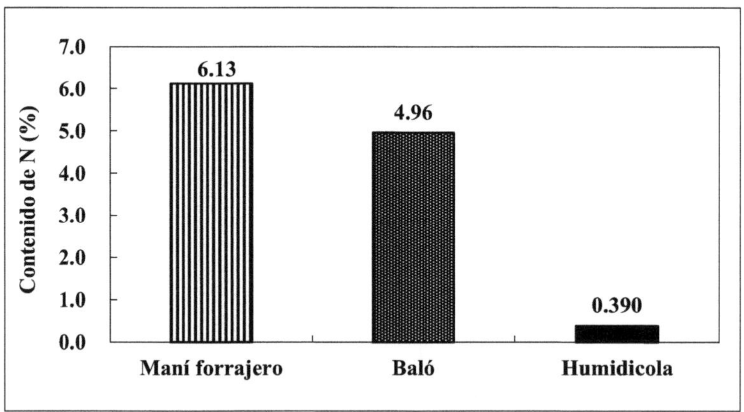

Figura N°4-7-1. Contenido de N em la hoja del maní forrajero del Baló y de la Humidicola, respectivamente.

2). Evaluación de dinámica de peso vivo para caprino por la introducción de los forrajeros ofrecidos periódicos

Las Fotos Nº4-7-5 y Nº4-7-6 mostraron los caprinos que están comiendo las hojas del Maní forrajero y del Baló como dieta proteica, respectivamente. Actualmente, se observó alto apetito para los caprinos usados en el experimento.

Foto Nº4-7-6. Caprino que está comiendo la hoja de Maní forrajero, 2007

Foto Nº4-7-6. Caprino que está comiendo la hoja del Baló, 2007

Periódicamente, se realizó dando la dieta a los caprinos en comparación con los caprinos sin dando la dieta leguminosa dentro do experimento.

Además, la Figura Nº4-7-2 muestra la dinámica del peso vivo de los caprinos criados entre los tratamientos. A partir de los resultados del análisis de varianza, hubo diferencia significativa al nivel de 1% no sólo para momento do peso vivo, sino también para los tres recolectores. Por ofrecer el forrajero del Maní forrajero o del Baló, periódicamente,

142

se observó aumento del peso vivo para caprinos criados en comparación con el peso vivo sin ofrecer los forrajeros leguminosos con el tiempo.

De todos modos, en vez del Maní forrajero, podremos utilizar forrajero de algún árbol leguminoso tal como el baló como dieta proteica para animales criados.

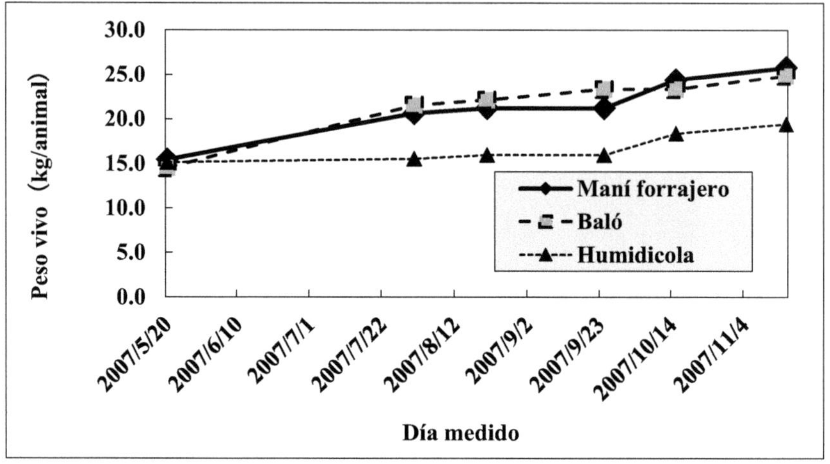

Figura Nº4-7-2. Dinámica del peso vivo de caprinos entre los tratamientos.

Nota: Para el Maní, pastoreo de la Humidicola más ofrecer la hoja del Maní, para el Baló, pastoreo de la Humidicola más ofrecer la hoja de Baló e para la Humidicola, sólo pastoreo de la Humidicola, respectivamente.

3). Posibilidad de establecimiento de un sistema silvopastoril

Dentro del árbol Baló, hay posibilidad de un sistema silvopastoril para aumentar o mantener la fertilidad del suelo y para que prevenga radiación elevada por sombra a los caprinos.

Es claro que es necesario rotacionar el campo de Humidicola, Manó forrajero y Baló para caprinos, con el fin de establecer la producción lechera sustentable y la conservación medio ambiental en el campo.

4. Conclusiones.

1. Se observó 6,13 y 4,96% del N para el forrajero del Maní forrajero y del Baló, respectivamente. Por el contrario, se observó menos de 0,5% del N en Humidicola.

2. Por ofrecer el forrajero del Maní forrajero o del Baló, periódicamente, se observó aumento del peso vivo para caprinos criados en comparación con o peso vivo sin

ofrecer los forrajeros leguminosos con el tiempo.

Referencias

1. Avila, M y U, Pasto. 1989. *Brachiaria humidicola* CIAT 679 (Rendle), Una alternativa para los suelos Baja Fertilidad y Áreas de prolongada sequía. Plegable IDIAP. 6 p.
2. Planelles, M. I. 2015. La producción caprina en Uruguay Latinoamérica https://www.capraispana.com/la-produccion-caprina-en-uruguay-y-latinoamerica/
3. Rúa, C. V. 2019. Producción caprina en Colombia. Tierras Caprino N°28. 55-59.
4. Montenegro, R. y Pinzón, B. 1997. Maní Forrajero. *Arachis pintoi*, (Krapovickas y Gregory), Una alternativa para el sostenimiento de la ganadería en Panamá, IDIAP, Gualaca, Panamá. 6 p.
5. Muniz, E. N., et al., 2019. Cultivo e manejo da gliricídia para formação de banco de proteína - Cartilhas elaboradas conforme metodologia e-Rural – EMBRAPA (Empresa Brasileira de Pesquisa Agropecuária), Brasília, DF. Brasil. 27-30.
6. Tomita, K. 2014. Efecto de los pastos mejorados - Humidicola (*Brachiaria humidicola*) asociada con Arachis (*Arachis pintoi*) sobre ganado criado y dieta proteica de la hoja del Arachis y Baló (*Gliricidia sepium*) para cabra en un suelo Inceptisol, Panamá (Parte final). Revista de información y asistencia técnica. Encarnación, Paraguay. El Productor. **Febrero**: 32-34.
7. Tomita, K. 2024. Estabelecimento da produção pecuária sustentável com sistema silvipastoril num solo ácido tal como Ultissolo e Oxissolo. Brazilian Journal of Animal and Environmental Research (BJAER). 7 (1). 404-416.
8. Villarreal, J. y Name, B. 1996. Técnicas analíticas del laboratorio de suelos. IDIAP, Divisa, Panamá. 110 p.

CAPÍTULO V

MÉTODO OFICIAL PARA ANÁLISIS DE SUELO EN EL ESTADO DE SÃO PAULO

1. Teoría de la Resina sobre intercambio de P y bases en el suelo

1. Introducción

Por buena suerte, el autor pudo realizar el análisis de suelos de la Colonia Nikkei en Guatapará-SP en el CENA (Centro de Energía Nuclear en la Agricultura) de la Universidad de São Paulo a través de Resina, DTPA y otros que se realizan como método oficial en el estado de São Paulo a la gracia del Prof. Dr. Muraoka T. y otros técnicos.

Cuando el autor realizó el análisis, el autor se esforzó por aprender el procesamiento, le pareció que no aprendió mucho sobre la teoría de la Resina.

Sin embargo, cuando el autor participó en el congreso de la sociedad latinoamericana de ciencia del suelo en Costa Rica, en noviembre de 2009, el autor pudo escuchar la teoría de la Resina del Dr. José Antonio Quaggio, por lo que aprendió mucho. Explicó la teoría y el proceso para el análisis.

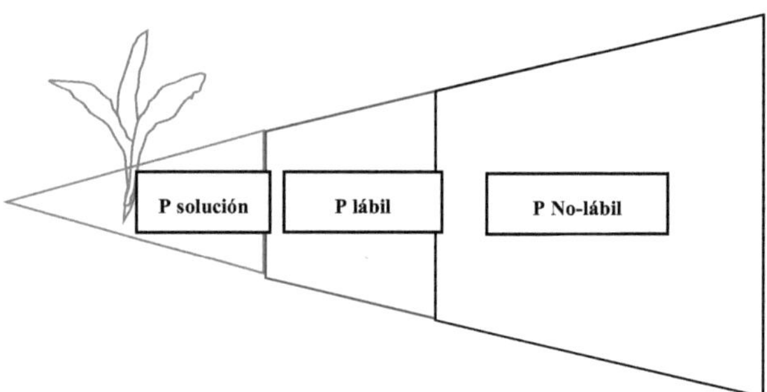

Figura Nº5-1-1. Diagrama que muestra la relación entre las fracciones de fósforo no-lábil y fósforo en la solución del suelo (Adaptada de International Super phosphorus Manufactures Association, 1978)

(Fuente: Modificado de POTAFOS, 2017)

2. Dinámica del P entre suelo y planta

La Figura Nº5-1-1 mostró el diagrama que muestra la relación entre las fracciones de fósforo no-lábil y fósforo en la solución del suelo.

Los contenidos de fósforo en la solución del suelo son, en general, bajos, del orden de 0.1 mg/L de P, siendo casi siempre por debajo de este valor, lo que se debe a la baja solubilidad de los compuestos de fósforo existentes en el suelo y a alta capacidad de adsorción de elementos por partículas de suelo.

El fósforo lábil está en equilibrio rápido con el fósforo en la solución, por otro lado, el fósforo no-lábil, responsable de la mayor parte del fósforo inorgánico en el suelo, está representado por compuestos insolubles que solo pueden convertirse lentamente en fosfatos lábiles. Los contenidos totales de fósforo en el suelo varían desde poco más de cero, en suelos muy arenosos, hasta valores de 2000 a 3000 mg/kg o más (0.2 a 0.3% de P).

Tabla N°5-1-1. Movimiento del P en el suelo (Fracción del P que puede ser extraído por la resina y del P que puede ser utilizado por la planta y la coincidencia).

Planta	P-no lábil	$\longrightarrow$	P-lábil	$\longrightarrow$	P-solución	$\longrightarrow$	P-raíz
Suelo	P-no lábil	$\longrightarrow$	P-lábil	$\longrightarrow$	P-solución	$\longrightarrow$	P-resina

(Fuente: Citar Power Point por el Quaggio, 2009)

La Tabla N°5-1-1 mostró el movimiento de P en el suelo (Fracción de P que puede ser extraído por la resina y el P que puede ser utilizado por la planta y la coincidencia). Con la Figura N°5-1-1, finalmente, se muestra que la fracción de P en la solución del suelo puede ser absorbida por la planta.

Para la fracción de P no-lábil a la fracción en la solución del suelo, es común. Pero, la fracción de P para la siguiente resina muestra el P que se puede extraer con el método.

Finalmente, es una coincidencia entre el P que puede extraer por la Resina, el P que se disuelve en la solución del suelo y la ración del P que puede ser absorbida por la planta.

2. Determinación de fósforo, calcio, magnesio y potasio extraídos con Resina Intercambiable de Iones

1. Principio

El proceso de extracción descrito permite la evaluación del llamado fósforo lábil, por disolución gradual de compuestos fosfatados por intercambio iónico. Además, como la extracción se realiza con una mezcla de resinas de intercambio catiónicas y aniónicas, saturadas con bicarbonato de sodio, también se produce la extracción de cationes intercambiables, los cuales son transferidos, en gran parte, del suelo a la resina, especialmente si los contenidos no son muy altos.

El uso de bicarbonato de sodio tiene ventajas pues los iones de bicarbonato amortiguan el medio a un pH cercano a la neutralidad, una condición favorable para la disolución de fosfatos en el suelo, mientras que los iones de sodio saturan la resina catiónica, posibilitando la retirada de los cationes intercambiables del suelo.

El método original fue descrito por Raij y Quaggio (1983); Raij et al. (1986) y por Raij et al., (1987). Posteriormente se modificó la composición del reactivo usado en la extracción de los elementos de la mezcla de resinas intercambiables iónicos, luego, el proceso de extracción, pasándose de una solución conteniendo 1 mol/L de NaCl y 0.1 mol/L HCl para una solución conteniendo 0.8 mol/L de NH_4Cl y 0.2 mol/L de HCl (Raij et al., 1987).

2. Método de resina intercambiable de iones

El autor citó el libro del Raij. B. (1991), publicado por la POTAFOS sobre el método de resina. El método para extraer fósforo de los suelos por la resina de intercambio aniónico fue sugerido inicialmente por Amer et al. (1955) y luego evaluado por varios autores.

El proceso de extracción de fósforo del suelo por la resina tiene características que le dan un soporte teórico que otros métodos no tienen. La resina de intercambio aniónico utilizada es un producto que se vende en esferas pequeñas con un diámetro de alrededor de 1 mm o menos. El material es poroso, gracias a una estructura matricial de cadenas de poliestireno.

Los grupos funcionales, que existen en estas cadenas orgánicas, son radicales de amonio cuaternario ($-NR^{3+}$ OH^-). Estos grupos son del tipo base fuerte y, por lo tanto, están disociados a cualquier valor de pH.

El proceso de extracción tiene lugar en una suspensión acuosa de tierra y resina. Realice una transferencia de fósforo a resina, lo cual es posible debido al equilibrio que existe P lábil y P en solución.

$$P\ lábil \longleftrightarrow (H_2PO_4^-) \qquad (1)$$

Cuando una resina de intercambio aniónico saturada con el anión bicarbonato, se tienen:

$$-NR_3^+HCO_3^- - + H_2PO_4^- \longleftrightarrow -NR_3^+H_2PO_4^- + HCO_3^- \quad (2)$$

La reacción es equilibrada. Sin embargo, como la capacidad de intercambio aniónico de la resina es muy alta, en realidad resulta en una transferencia del fosfato lábil del suelo a la resina, que puede representarse por:

$$P\ lábil \longrightarrow P\ solución \longrightarrow P\ resina \qquad (3)$$

Para que el proceso tenga lugar, se requiere tiempo, y se una comúnmente un período de agitación de 16 horas (fue determinado por el IAC: Instituto de Agronômico, Campinas).

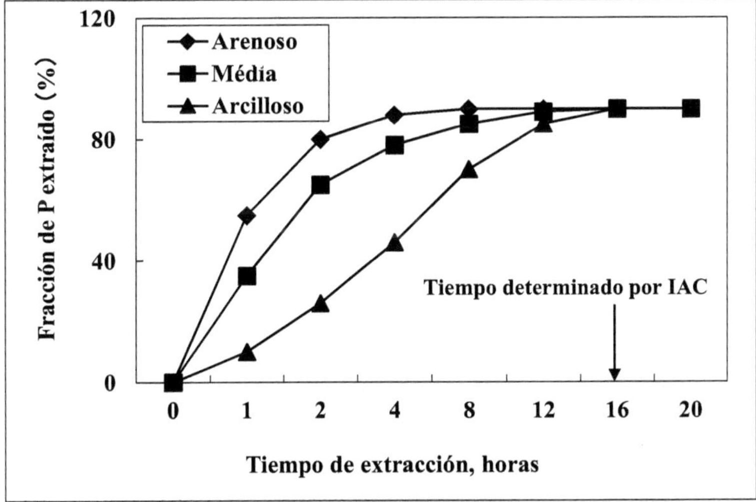

Figura N°5-2-1. Relación entre la fracción del P y tiempo de extracción por la diferencia de la característica física del suelo.

(Fuente: Citar Power Point por el Quaggio, 2009)

La Figura N°5-2-1 muestra la relación entre la fracción de P y el tiempo de extracción por la diferencia en las características físicas del suelo. De acuerdo con la Figura, muestra que fue muy bajo para la extracción de P en el suelo arcilloso en comparación con la extracción en el suelo arenoso y limoso. Pero, después de 16 horas, no se observa la diferencia entre el tipo de suelo, y se puede extraer alrededor del 80% por el motivo de la extracción.

Finalmente, se alcanzó el equilibrio, por lo que el IAC determinó 16 horas para el tiempo de extracción, teniendo en cuenta la diferencia en las características físicas del suelo.

3. Razón para el uso de NaHCO₃ [pH8.3]

La versión más reciente del método de extracción de fósforo por la resina de intercambio iónico, usada rutinariamente en São Paulo, emplea una mezcla de resina de intercambio de cationes y de aniones, tratada con solución de bicarbonato de sodio (Raij et al., 1986). La inclusión de resina catiónica, saturada con catión monovalente, favorece la extracción de fósforo, además de permitir la extracción simultánea de calcio, magnesio y potasio (ver Figura N°5-2-2).

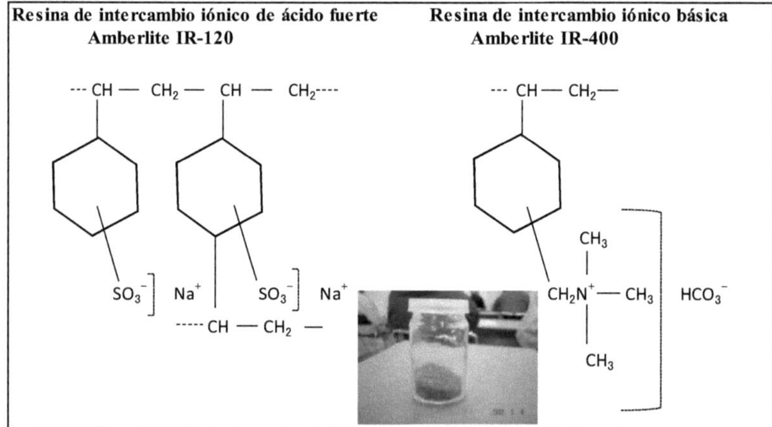

Figura N°5-2-2. Estructura química para la resina de intercambio catiónico de tipo ácido fuerte (Amberlite IR-120) y la resina de intercambio aniónico de base fuerte (Amberlite IRA-400).

(Fuente: Citar Power Point por el Quaggio, 2009)

La extracción por la resina tiene algunos otros aspectos positivos, además de los ya discutidos. El medio de extracción es de baja concentración salina, lo que favorece la disolución del fósforo. La presencia del ion bicarbonato en la superficie de la resina aniónica amortigua el medio y favorece la extracción de fósforo. Además, el pH de las suspensiones de resina y suelo es de poco menos de 7, factor muy favorable para la extracción de las formas más disponibles o solubles de fósforo, en el rango de pH más pertinente para las plantas.

El autor realizó el análisis por la Resina y escribió la precesión. Es probable que sea la primera persona que hizo la resina para el autor.

Foto Nº5-2-1. Agregar Bola de vidrio a cada vaso plástico (izquierda) y condición agregada en los vasos (derecha), 2003.

Luego, el autor se sorprendió que fue necesario 16 horas para agitar en el método Resina. En el CENA, empieza a las 4 pm para agitar y termina a las 8 am de la mañana al día siguiente. Después de agitar, empieza a analizar. ¿Por qué se necesario 16 horas para agitar? Al participar en el simposio de la sociedad latinoamericana de ciencias del suelo en Costa Rica, en 2009, el autor pudo conocer la conferencia del Dr. José Antonio Quaggio (ver Figura Nº5-2-1).

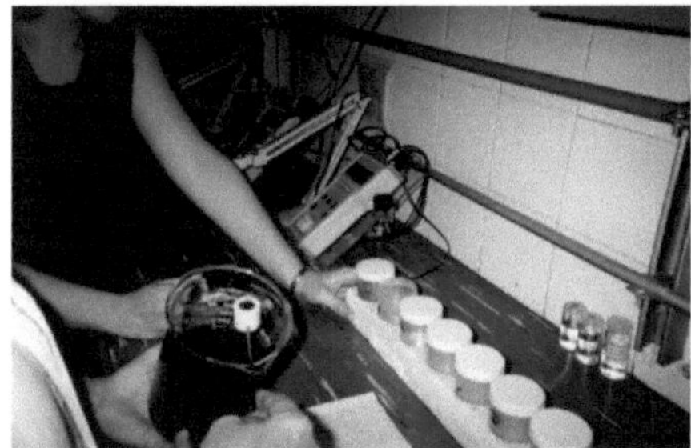
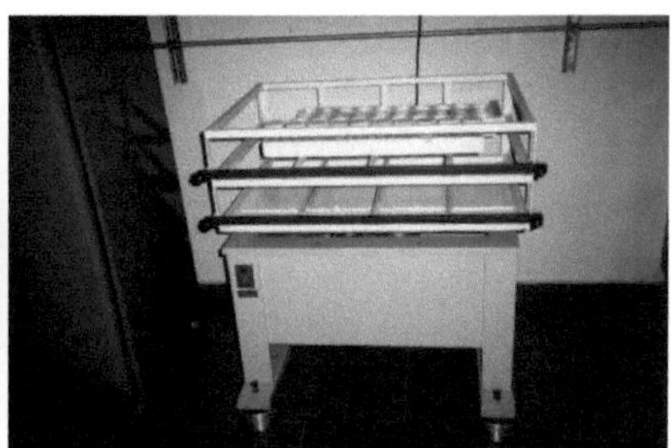

Foto Nº5-2-2. Agregar 2.5ml de la Resina en cada vaso plástico, 2003.

Foto Nº7-2-3-3. Agitador, 2003.

Las Fotos N°5-2-1 y N°5-2-2 muestran el equipo de la resina (agregar 2.5ml de la resina al vaso plástico y el agitador para agitar durante 16 horas), respectivamente.

4. Proceso teórico de la extracción del P, K, Ca e Mg por la Resina

Para la teoría de la resina, detectando P, K, Ca y Mg, explica, separando cuatro procesos (ver las Figuras N°5-2-3 a N°5-2-6).

1). Saturación por 1M NaHCO₃ a la resina catiónica y aniónica mezclada

Agregar 1M $NaHCO_3$ a la resina catiónica y aniónica mezcladas para saturar Na^+ y HCO_3^- en la resina (ver la Figura N°5-2-3).

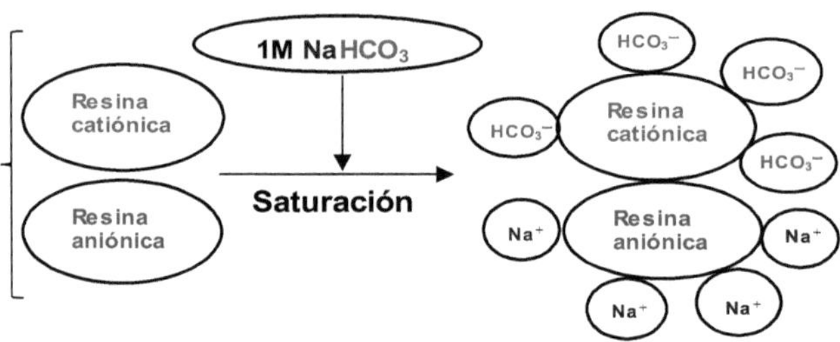

Figura N°5-2-3. Saturación por 1M $NaHCO_3$ a la resina catiónica y aniónica mezclada

2). Reacción el suelo y la resina mezclada saturada por 1M NaHCO₃

Después de agregar la resina y el agua al suelo, agitar durante 16 horas para reaccionar, suficientemente (ver la Figura N°5-2-4).

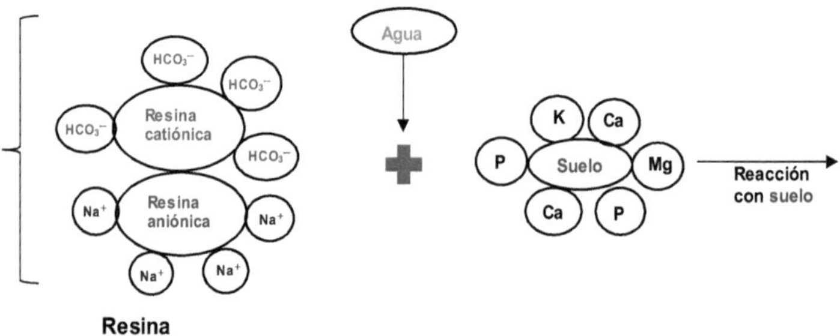

Figura N°5-2-4. Reacción el suelo y la resina mezclada saturada por 1M $NaHCO_3$

3). Intercambio entre el suelo y la resina mezclada saturada

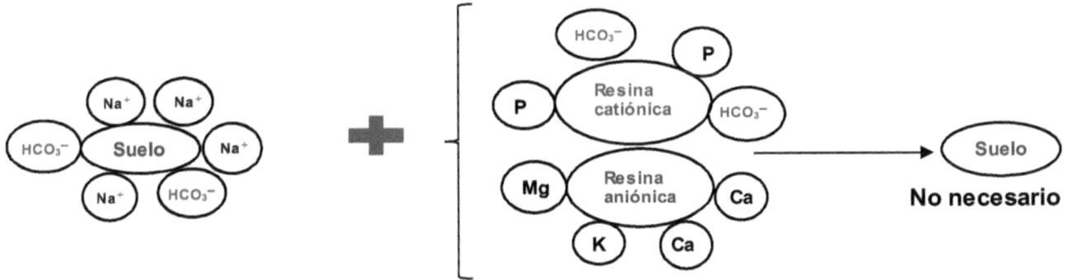

Figura Nº5-2-5. Intercambio entre el suelo y la resina mezclada saturada

Después de 16 horas, se cambió el suelo saturado por Na^+ y HCO_3^-, y la resina mixta se saturó por P, K, Ca y Mg debido al suelo y el resto debido a $NaHCO_3$. No es necesario el suelo en el análisis (ver la Figura Nº5-2-5).

4). Extracción por 0.8 M NH₄Cl + 0.2 M HCl y determinación de P, K, Ca y Mg en la solución

Como segundo paso, se utiliza la resina absorbiendo P, K, Ca y Mg, y se realiza la extracción de los cuatro elementos por 0.8M NH₄Cl + 0.2M HCl. Se puede determinar Los cuatro elementos como resina intercambiable en el suelo (ver la Figura Nº5-2-6).

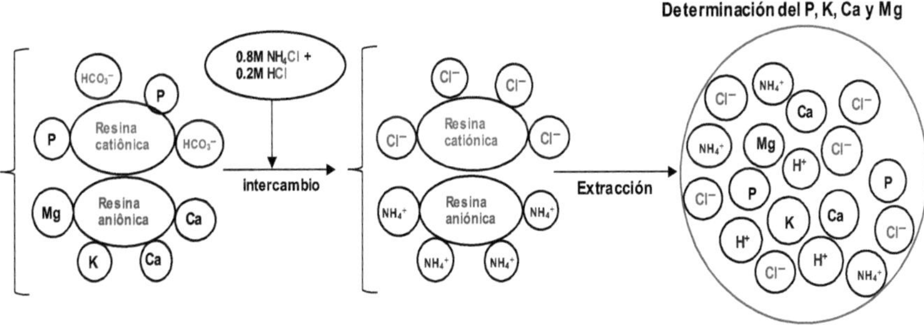

Figura Nº5-2-6. Extracción por 0.8 M NH₄Cl + 0.2 M HCl y determinación de P, K, Ca y Mg en la solución

Referencias

1) EMBRAPA (Empresa Cerrados, Ministério da Agricultura, Pecuária e Abastecimento). 2002. Cerrado, Correção do solo e adubação, [Editores: Djalma Martinhão Gomes de Sousa, Edson Lobato], Planaltina, DF, Brasil. 41-43, 385-415.

2) Quaggio J. A. 2000. Acidez e calagem em solos tropicais. Instituto Agronômico de Campinas (IAC), Campinas-SP, Brasil. 111 p.

3) Raij B. van. 1978. Seleção de métodos de laboratório para avaliar a disponibilidade de fósforo em solos. Revista Brasileira de Ciência do Solo, Campinas, **2**: 1-9.

4) Raij B. van., J. C. de Andrade., H. Cantarella. e J. A. Quaggio. 2001. Análise química para avaliação da fertilidade de solos tropicais. Instituto Agronômico, Campinas-SP, Brasil, 285 p.

5) Raij B. van.; Feitosa, C. T.; Silva, N. M. da. 1984. Comparação de quatro extratores de fósforo de solos. **Bragantia**, Campinas, 43: 17-29.

Printed by Books on Demand GmbH, Norderstedt / Germany